ちくま学芸文庫

ナチュラリストの系譜

近代生物学の成立史

木村陽二郎

筑摩書房

【目次】ナチュラリストの系譜

はじめに 9
ルネサンスの自然誌……13
西欧の本草学 13
植物園の始まり 19
ルネサンス人ロンドレ 22
ピエール・ブロン 26
ヴェサリウス 30
パリ植物園の創立者ブロス……33
パリの王立植物園 33
初代園長ブロス 36
フランス植物学の父ツルヌフォール……43
生えぬきの園長ファゴン 43

ツルヌフォールの植物採集　47
ツルヌフォール、パリに行く　51
ツルヌフォールの植物分類体系　56
近東への旅　62

『自然誌』の著者ビュフォン園長……67
ビュフォンの生いたち　67
園長ビュフォン　72
コーヒーと温室　76
ビュフォンの『自然誌』　81
文は人なり　89

植物学者のプリンス、リンネ……93
リンネの生いたち　93
植物の雌雄　101
花の結婚と二四綱　108
種の確立　115

ジャン・ジャック・ルソーの植物学……125
ルソーとビュフォン 125
ルソーとリンネ 132
野の草花とともに 138
ルソーの植物学 143
ジュシューとアダンソンの自然分類……149
リンネのベルナール・ド・ジュシューへの影響 149
ジュシュー兄弟 154
アントワーヌ・ロラン・ド・ジュシューの自然分類 158
アダンソン 163
アダンソンの自然分類 169
進化論の創設者ラマルク……175
ラマルクの銅像 175
軍人ラマルク 182
植物学者ラマルク 184

動物学者・進化論者ラマルク　192

キュヴィエとジョフロア・サン＝チレールの論争……201

ジョフロア・サン＝チレールの活躍　201
キュヴィエの活躍　210
アカデミー論争　219

ド・カンドルとその後の自然誌……227

ド・カンドル　227
ド・カンドルの分類法　235
十九世紀後半以降　240
現在の分類体系　246
おわりに　251
西欧自然誌略年表　255
主な原著書名・伝記関係文献　269
文庫版解説　塚谷裕一　271
人名索引　286

ナチュラリストの系譜——近代生物学の成立史

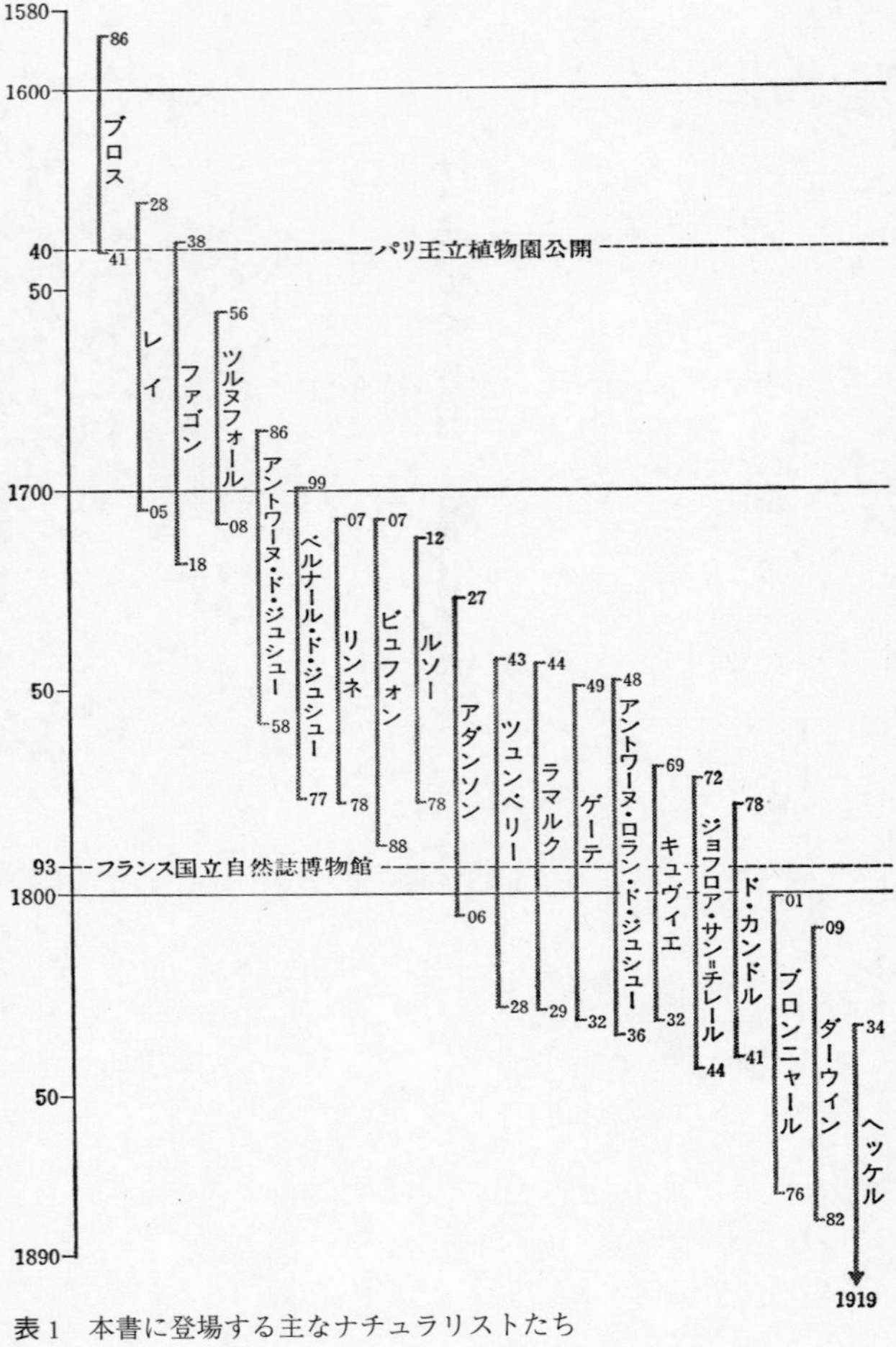

表1　本書に登場する主なナチュラリストたち

はじめに

わたしたち日本人ほど自然を愛し、草木鳥獣を愛する民族はない、と思われてきた。しかし、はたしてそうであろうか。たしかに、花に関する詩歌は数多く、花を育てる腕前でも日本人の名声は海外に広く伝えられている。しかし日本人は、花そのものを愛しているのだろうか。花に托して自己の感情にひたっているのではなかろうか。

「月は無情というけれど、主《ぬし》さん、月よりなお無情。月は夕出て朝帰る。主さん、いま来て、いま帰る……」と、海外で俗謡を歌った人が、その意味を外国人に聞かれたので、翻訳してみたが、「月は無情……」といっても、これはあたりまえであるから、歌の意味をその外国人に理解させることはできなかったという。たとえば百人一首の「天の原……」とか「月見れば……」とかに親しんで育ってきたわたしたちだからこそ、「月は無情……」の意味がわかるのである。

花といえば桜が代表で、花見の宴を張り、楽しい一日を送るのであるが、不心得の人は、花を愛するといいながら、その枝を折り、木の手入れは忘れて、寄生菌によってできた「天狗の巣」をつけたまま放置し、桜が枯れるにまかせている。花を見て自分の感慨にふけるが、花自体を深く知ろうとはしない。数多くの花の絵画も、写実に徹したものはよいが、多くは、観察が粗雑なため、花弁の数も定かでない。

西欧でも、もちろん、日本と共通して感情移入の面があり、また「花ことば」「花占い」のような日本にないものもある。しかし西欧では、古くから、花を愛するということは、花の観察であり、花自体を知るよろこびであった。ジャン・ジャック・ルソーはいう。

「植物の構造や組織、その繁殖器官のいとなみ、その分類体系は、当時のわたしにはまったく珍しいものだったが、それらについて一つ一つ観察するたびに覚える恍惚と陶酔は他の何ものにもくらべられないほど深いものであった」(『孤独な散歩者の夢想』「第五の散歩」)

このように、たとえば花が萼片《がくへん》や花弁や雄しべ・雌しべからなることや、それら花葉の配列の規則性を観察したり、受粉の仕組を見て楽しむような人は、日本には今世紀近くになるまでいなかったのである。動物についても、ファーブルの『昆虫記』のような書物は現われなかった。

西欧ではどのようにして植物や動物の観察が生まれ、それが植物学・動物学となり、やがて現在の発達した生物学の基礎となってきたか。この道をわたしたちもたどってみたい。

それは、現代生物学の源流を探ることにもつながる。
ルソーのように、野外に出て、自然のなかに草木の花を見て楽しむことは大きなよろこびだが、植物の名を知らなければ、その植物に親しみがもてない。それでルソーは、リンネの『自然の体系』を小脇にかかえて野外を歩くのである。

無数の動植物を知ることは人間の宿命ともいえる。『聖書』「創世記」によれば、神は動植物を創造し、最後に人間の男と女をつくって、これに、「生めよ、殖《ふ》えよ、地に満ちよ」と祝福を与え、すべての獣、鳥、魚などの動物を人間に従わせ、植物は動物や人間の食料と定めたのであった。いまではだれでも、生物は進化によって生じ、千差万別の動植物が地に満ちたのち、ヒトが出現し、衣食住を動植物に頼っていることを知っている。

動植物に関する知識は、時のたつにつれて厖大なものとなっているが、しかし、現代より原始の時代のほうが個人としては動植物をよく知っていたかもしれない。自然のなかにあっては、都会人とは異なり、それを知らないでは生きていられないからである。

植物・動物・鉱物を一括した自然の話や記述を、「自然誌 Natural history」という。われわれは自然のなかに住んでいるが、目にふれるのは個々の植物であり動物である。ヒトもまた動物の一員として見れば、その記述は自然誌にふくまれる。人間の自然物を観察する目はしだいに発達してきたが、神話の時代、伝説の時代から自然誌への関心は始まるのである。それが科学として成立するのは、さらにのちのことである。少なくとも、それらの知識がことばになり文とされて、つまり記事が書かれて、自然誌は成り立ったのである。「ヒストリー」は「誌」であり「記事」であるが、なかでも人間の行動の歴史が最も興味があるので、「ヒストリー」は一般に「歴史」ととられるようになった。ちょうど、「バイブル」というと単に「書物」のことであったのに、『聖書』*Holy Bible* に独占されたようなものであろう。明治になって「ナチュラル・ヒストリー」は「博物学」と訳され、これが大正時代まで広く使われてきたが、もともと「博物」とは自然物も人工物もふくめていう語である。「博物館」といえば、美術博物館も自然博物館もある。現在、「ナチュラル・ヒストリー」は、世間一般には「自然史」と訳されるが、本書では「自然誌」とよぶことにしたい。

西欧の自然誌の研究の中心は長くパリの植物園にあって、ここで多くの著名なナチュラリストたちが研究を発展させていった。各国がその研究を競っている現在でも、ここが一つの大きな中心であることは否定できない。本草《ほんぞう》学の時代から十九世紀前半までの近代科学の時代に至る長い道のりのなかで、広い意味での自然誌、すなわち、本草学から植物学・動物学、そしてのちには「生物学」とよばれる分野が、どのように成立し発展してきたかを見ていくことにする。十九世紀後半からについては、生物学が多岐に分化したので、そのうち自然誌の、とくに分類体系が、どのようになったかを概観するにとどめる。

ルネサンスの自然誌

西欧の本草学

植物・動物・鉱物に関する知識は、薬を求めることから古くから発達した。それは、「本草《ほんぞう》」とよばれた。「薬草」ということばがふつうに用いられるように、薬は草を本《もと》とするからである。西欧でも植物誌は、むかしは多く薬草を相手とし、「ハーバル herbal」とよばれた。これは「草 herb」から出たことばであって、「草」を語源とする点で東西は軌を一にしている。

また西欧でも、中国や日本と同じく、薬の必要性のために医師が植物を学んだ。しかし西欧では、早くから植物学・動物学が自立した。アリストテレス（前三八四―前三二二）とその弟子テオプラストス（前三七一ころ―前二八七ころ）の学問の伝統があり、ガイウス・プリニウス・セクンドゥス、通称プリニウス（二三―七九）の『自然誌』も伝わって、それがルネサンスの時代に西欧にひろがったからである。

「生物学の父」とも「動物学の父」ともよばれるアリストテレスは、有用・無用を問わず動物を観察し、その働きを見て、『動物誌』や『動物部分論』を書いた。アリストテレスのあとを継いで学園「リュケイオン」を主宰したテオプラストスは、『植物誌』『植物原因論』を書いて、「植物学の父」とよばれる。

しかし医師たちがつねに学んだものは、テオプラストスの書ではなくて、ペダニオス・ディオスコリデス（一世紀）の『薬物誌』であった。小アジア半島南部のキリキアのアナザルバ Anazarba に生まれたディオスコリデスは、そこから五〇マイル離れたタルソスに行き、さらにエジプトのアレクサンドリアに遊学して、医学や本草学を学んだが、アリストテレスやテオプラストスの書物は知らなかった。彼は独学で、孤独で、親しい医師はなく、もっぱら著述に熱中した。生存中は有名でなかったが、のちにその著作は、ガレノス（一三〇ころ—二〇〇ころ）の医書とともに最も有名となる。

ディオスコリデスと同時代人のプリニウスは、イタリアのコモに生まれた。百科全書ともいうべきその『自然誌』全三七巻は、軍務のかたわら、夜もろくに寝ないで書き上げられたもので、その第十二—十九巻は植物に、第二十—二十七巻は植物薬剤に当てられている。

ディオスコリデス『薬物誌』とプリニウス『自然誌』の薬物の記事には多くのページに

わたって同一の記事が見られる。これは、両書が独立に同じ書物を底本にしたためといわれる。しかしプリニウスの本は、彼自身も認めているように、文献資料の寄せ集めであるが、ディオスコリデスの本は、資料を慎重に検討したうえで選んだものであって、これが西欧の本草書の出発とされたのは当然である。

図1　ウィーン本から科学史家シンガーが補写した図　中央に、東洋で朝鮮人参が有名なように、西洋で有名な薬草マンドラゴナを持つのは知恵の神エフィノイア、右で記述しているのはディオスコリデス、左で図を描いているのは、シンガーの推測によると、クラテウアス。マンドラゴナは、ツルヌフォールの『基礎植物学』で真っ先に出てくる種である。

この時代は中国では後漢に当たり、「本草」という語がこのころ初めて書物に見られる。ディオスコリデス『薬物誌』は中国の『神農本草』に相当するといえよう。

ディオスコリデスの現在まで残っている写本のなかで最も古いものは、五一二年までに作られた写本で、五世紀の西ローマの皇帝のアニキウス・オリブリウスの娘アニキア・ユリアナにその結婚のさいに贈られたものである。現在、ウィーン博物館に保存されている（図1）。それに付された約四〇〇の植物図のなかでとくにすぐれた一一枚の図は、クラテウアス（前二一一世紀ころ）に由来するものとされている。

クラテウアスは、小アジア東部のポントスの支配者ミトリダテス（前一二〇から在位）の侍医であった。ミトリダテス王は、自身が薬にくわしく、とくに解毒剤を研究していた。王は平常、少量ずつ毒薬を飲んで毒になれておき、同じびんから毒酒を飲んだ相手は死んでも自身は助かる方法をとっていた。しかし、戦いに敗れて、いざ毒薬で自殺しようとしたときには死ねず、困ったという。

ディオスコリデス『薬物誌』は、六〇〇以上の植物薬、三五の動物薬、一九の鉱物薬を記述して、産地はアフリカ、ガリア、アルメニア、ペルシア、エジプトに及ぶ。「第一書」（一二九項）では香料、油、軟膏、木と灌木を、「第二書」（一八六項）では動物、乳、脂油、蜜、穀類、野菜、香辛料を、「第三書」（一五八項）と「第四書」（一九二項）では植物の根部の薬剤、植物汁液、草・種子を、「第五書」（一六二項）では酒類、酢、鉱物・岩石を扱っている。各項の内容はギリシア語で記されているが、植物名にはケルト語、エジプト語、ダキア語、ユダヤ語、エトルスク語、ラテン語を加えている。記述はきわめて短く、他物との比較が付加されている。クラテウアスほかの多くの他説も引用している。

この本はアラビア語で多くの註釈書が書かれたが、ルネサンスになってから最も有名な註釈書は、ピエランドレア・マチオリ(一五〇一―七七)の『ディオスコリデス註釈』(一五五四)である。

中世の西欧では、絵入りのディオスコリデス『薬物誌』が主として僧院に写本で伝わり、テオプラストスやガレノスの薬物の写本などより比較にならないほど広く普及した。ただ、写本をする場合、本文はともかく、図を引き写すのはめんどうなため、時代とともに図が粗雑となり、簡単化し、図案化していった。

当時、僧院は、地方の庶民の魂の救済のみでなく、肉体の苦痛を和《やわ》らげるために医者や薬屋の仕事までしなければならず、多くの僧院の庭には薬草園があった。そこでの薬草は種類も少なく、口伝えで十分に名がわかるので、正確な図がなくても気にならなかったのかもしれない。

印刷術がヨハンネス・ゲンスフライシュ・グーテンベルク(一三九九ころ―一四六八)によって完成し、多くの書物が印刷されるようになった。一五〇〇年前までに出版された本を「古版本 Incunabula」という。古版本は、自然誌関係ではディオスコリデスのラテン語版（一四七八）とギリシア語版（一四九九）のほかに、バルトロマエウス・アングリクスの『事物の特性』（一四七二）とコンラート・フォン・メゲンベルクの『自然の書』（一四七五）や、アプレイウス・プラトニクスの『本草』、それに類する『ラテン本草』『ドイツ本草』あるいは『健康の園』などの本草書が出たが、いずれも稚拙の図をともない、微笑をさそう。

植物の図は画家の技術の向上とともにあり、それは自然を自分の目で見つめるルネサンス精神とともにあった。レオナルド・ダ・ヴィンチ（一四五二―一五一九）やアルブレヒト・デューラー（一四七一―一五二八）の動植物の図を見れば、それがわかる。デューラーと同門の画家ハンス・ワイディッツの植物図は、木版技術の精巧さとあいまって、オットー・ブルンフェルス（一四八八ころ―一五三四）の本草書『生植物図説』（一五三〇）を一変して立派なものとした。ヒエロニムス・ボック（一四九八―一五五四）がそれにつづいた。また、本草書のなかで最も美しい図版を入れたレオンハルト・フックス（一五〇一―一五六六）の『植物誌』（一五四二）は、のちの本草書の図の手本となり、引用された。ブルンフェルス、ボック、フックス、それにヴァレリウス・コルドス（一五一五―四四）を加えた四人が植物学史家クルト・P・J・スプレンゲル（一七六六―一八三三）によって「ドイツ植物学の父たち」とほめたたえられたのも当然である。

それにひきつづき盛んとなった「本草学時代」の一人にレンベルト・ドドエンスがいる。

彼は、ラテン語読みの「ドドネウス」の名でわが国に古くから知られた。李時珍（一五一八―九三）の『本草綱目』が江戸時代を通じて中国の本草学の代表であったように、同時代人のドドエンスの書は、わが国における西欧の本草学の代表であった。これは日本で完訳されたただ一つの西欧本草書であったが、この訳本の出版が不首尾に終わったことは残念である。ドドエンスの『本草』（一五五四）がオランダ訳されたこと、ドドエンスがライデン大学教授として生涯を終えたことが、西欧の代表的な本草書として日本に導入された原因である。

植物園の始まり

植物は、食料を人間や動物に供給するばかりでなく、酸素を放って生物を生き生きさせる。田畑をつくって食料を確保した人間は、余裕ができると、庭園を造って、目になごむ緑の草木を植え、美しい花を楽しんだ。家畜だけを飼っていたのが、珍しい鳥獣を園に放って楽しみとするようになった。また、薬草を栽培して病気に備え、中世のころには多くの僧院が薬草園をもつようになり、やがて公に植物を知るための植物園が町にできた。動物園の歴史は、植物園のそれにくらべると、ずっと新しい。

学問のための初めての植物園は、北イタリアのパドヴァとピサに開かれた。このどちらが最初に設立されたかは問題で、フィレンツェ側は一五四三年にピサにできたのが最初だというし、ヴェネチア側はパドヴァが最初だという。ピサのほうははっきりした証拠がないが、パドヴァでは一五四五年にヴェネチアの議会が植物園設立の法令を通過させた文書がはっきり残っているし、その植物園はいまも、むかしの面影をとどめて、健在である。ピサには園長として著名な学者アンドレア・チェサルピノ（一五一九―一六〇三）がいたのだが、世界最初の植物園としてはパドヴァに軍配を上げておきたい。その後、植物園はイタリア各地、フィレンツェ、フェラーラとつづき、一五六八年にはボローニアにもできた。

イタリア以外で古い植物園は、一五八〇年設立のライプツィヒと、一五八七年に設立を定められ一五九四年に開かれたライデン、次いでモンペリエが著名である。

南フランスのローヌ河口の近くに、医科大学で名高いモンペリエがある。その付属植物園は、同大学の教授ピエール・リシェ・ド・ベルヴァル（一五六四―一六三二）が、ベシエール市にあるラングドック地方の議会にその設立案をかけ、王の署名を得て、一五九六年に発足したものである。このモンペリエ植物園（図2）は、いまも、むかしの面影を残しながらその機能を果たしている。

ベルヴァルはシャロン・シュール・マルヌに生まれたが、生涯をモンペリエで過ごした。彼は、植物園を造るにあたって生育環境に注意している。当時、他の植物園では、薬の特徴で分類するように植物を集めて植えていたが、ベルヴァルは、植物の生育地の気候条件

図2　モンペリエ植物園で教える先生と学生たち（伝ベルヴァル画）

を考慮し、その条件に近づけるため、東西に小さな土盛りをして南向き斜面をつくって、山の植物はそこに植え、陰地植物は土盛りの日陰のほうへ植えた。

フランスで本格的な植物園がなぜモンペリエに生まれたか。それは、そこに医科大学の発達があり、その発達に力を入れたポウ生まれのアンリ四世の理解が大きかったからである。十二世紀いらい、ヨーロッパ各地からモンペリエに医師たちが集まってきた。

北イタリアの東岸の港サレルノは、九世紀にはアラブ人、ユダヤ人、キリスト教徒の学者たちが集まって学問の交流が盛んな地で、ヨーロッパで最古の医学校もここに始まっている。大学としての公認は一二三一年であるが、十二世紀にその全盛を誇り、とくに薬学に力が入れられた。しかし、やがて北イタリアのボローニアとパドヴァの大学に学問の中心が奪われる。モンペリエ大学は、パリ大学よりもむしろこのイタリアからの学問の伝統を直接受け継いでいる。

ベルヴァルは、ルネサンスの植物学を代表するロンドレの後輩である。

ルネサンス人ロンドレ

フランス・ルネサンス期の医学と自然誌研究はギヨーム・ロンドレ（一五〇七―五六）に代表される。

ロンドレは、モンペリエの香料商人の子に生まれた。当時の香料商人は、薬剤師を兼ね、つねに富裕だった。早く亡くなった父の職を継いだ長男アルベールは五人の兄弟姉妹の面倒をよく見た。とくに、年齢のへだたった弟ギヨームのことを考え、弟を僧職につかせるために、モンペリエ大学に、次いでパリ大学に学ばせた。彼の叔父は僧会長をしていて宗教界の有力者であったから、彼の地位も保証されていた。

父は、遺言で、僧院に入るための規定額一〇〇エキュの金を残していた。しかし彼は、宗教に何の使命も感じられず、医学を志し、一五二九年、モンペリエ医科大学に学生の登録をした。彼は、その才能と熱心さが認められて、入った年の一年間、学生代表 Procurator の資格を得た。申請者の登録代はこの学生代表に支払われるしきたりである。その間、フランソワ・ラブレー（一四九四―一五五三）が登録していたから、ロンドレはラブレーからいくらかの金を得ていたわけである。以後、ロンドレは、ラブレーと親交を結んだ。

ラブレーとミシェル・ド・モンテーニュ（一五三三―九二）は、フランス・ルネサンスを代表する文人である。ラブレーの『ガルガンチュワとパンタグリュエル第三の書、パンタグリュエル物語』に、こういう場面がある。パニュルジュが結婚すべきや否やと迷い、パンタグリュエルに質問する。彼はパニュルジュの困惑を見て、神学者と医師と法律家を呼びあつめる。医師のロンジビリスがパニュルジュに意見を述べるが（三十一―三十三章）、このロンジビリスなる名前はロンドレの名前をもじったものである。美食家で、みずから音楽を奏し、ダンスに興じ、冗談が好きで快活なロンドレは、友人ラブレーのこの記事を見て、笑いとばしたであろう。

ちなみに、ラブレーがたわむれにパンタグリュエルが発見したという想像植物の「パンタグリュエリヨン」は、じつは麻なのだが、この記事（四十九―五十二章）を見ると、ラブレーの植物の知識が並々ではないことがわかる。

ラブレーの父はシノンの弁護士だった。シノンから遠くないラ・デヴィニエール La Devinière の小作地に彼は生まれた。ロンドレと同じくラブレーも僧となるために勉強し、一時は僧となったが、やはり医学に転向し、一五三〇年四月、モンペリエ大学の学生となった。十一月には医学得業士となり、翌年にはヒポクラテスの『箴言集《しんげん》』、ガレノスの『医術について』をギリシア語原本で講義している。彼はまた、プリニウスやディオスコリデスの原本の註釈もしている。

ロンドレは、一五三八年、財産のない娘と結婚したが、その姉は、この若夫婦を手もとにおいて母親代りとなり、彼女の夫の死後、その財産をロンドレに与えた。彼は、一五四五年にモンペリエの医科大学教授となり、名声を得た。

ロンドレは、死体解剖の実地を学生に見せるため、おそらくパドヴァ大学の施設を手本にして、同僚の協力を得て半円階段教室を一五五六年につくった。この年、彼は大学の大書記 Chancelier に選ばれている。

ロンドレに植物学の著作はないが、彼の植物に関する知識はすぐれていて、多くの人をこの地にひきつけた。当時は医学教授は、薬を知らねばならず、したがって植物を知らねばならなかった。ロンドレは、毎日、三時間か四時間講義をするほか、すぐれた臨床家として多くの患者を見てまわった。ときには夜にも講義した。

ロンドレは一五六〇年に妻を失い、再婚した。彼の前妻との子も早死にし、再婚した妻との一人息子も病死した。ロンドレは、しかし学問で、とくに自然の観察で、その苦しみを忘れようとした。友人の妻の病気を診るために、自身が心臓が弱っていたにもかかわらず、南フランスの真夏の日盛りに馬に乗って遠路を行って、疲れはて、レアルモンで病床につくこと一〇日間、一五五六年七月三十日に亡くなった。

ロンドレの著作は多くなく、主著は『海魚について』一八巻（一五五四―五五）である。ここでいう「海魚」とは海産動物のすべてを含む。思うに、英語でも、「フィッシュ」といえば、ヒトデ star fish やクラゲ jelly fish も入るのである。この著作でロンドレはアリストテレスの記事を紹介し、つづいて自身の観察を記している。それは、故《ふる》きを温《たず》ね、自己の目で再検討する、ルネサンスの精神である。

アリストテレスの力学はガリレオ・ガリレイ（一五六四―一六四二）のもとに潰えたが、アリストテレスの『動物誌』、テオプラストスの『植物誌』の真価はルネサンスになって認められたといってよい。たとえば、アリストテレスは、フカが擬似胎生で、胎盤に胎児がつながることや、クジラ類が胎生のことをいっていて、中世の動物書にまさる。また、無脊椎動物、たとえばウニを解剖して、その歯を記述し、いまだに「アリストテレスの提灯《ちょうちん》」とよばれるものを記録している。それをロンドレが確認し、図を描いているが、そのウニの図は、無脊椎動物の最初の解剖図である。

ロンドレとベルヴァルの時代に自然誌研究の一群の学者が出て、世に「本草学時代」ともいわれる。その多くはロンドレの弟子か友人である。ここでは、これらの人の名を記しておくにとどめる。

ジャック・ダレシャン（一五一三―八八）
レンベルト・ドドエンス（一五一七―八八）
シャルル・ド・レクリューズ（一五二六―一六〇九）
マチアス・ド・ローベル（一五三八―一六一六）
ジャン・ボーアン（一五四一―一六一三）
ガスパール・ボーアン（一五六〇―一六二四）
ロンドレ以前の著名な本草家は、前述の「ドイツ植物学の父たち」を数えるのみである。

ピエール・ブロン

ロンドレと並び称されるルネサンスにおける自然誌の研究者はピエール・ブロン（一五一七―六四）である。彼は、パリに公開の植物園を設立することを早くも一五五八年に提唱している。

ブロンはル・マンの近くのラ・スルチエール La Soulletière の出身で、近くの町で薬店の見習いになり、一五三五年にクレルモンの大僧正のギヨーム・デュプラの薬局に勤めたが、やがてル・マンの司教で熱心な植物愛好家のルネ・ド・ベレがパトロンとなってくれて、一五四〇年ころウィッテンベルク大学に行くことができた。そこで、ブロンよりも二歳年上の碩学ヴァレリウス・コルドスについて勉強し、その友人となって旅行を共にした。

なお、ド・ベレがル・マンの近くにつくった植物園は、当時のヨーロッパでは最も植物の種類が多いと、博識のコンラート・ゲスナー(一五一六―六五)はいっている。

このコルドスはマールブルク大学を卒業し、ドイツやイタリアを転々としたのち、ウィッテンベルクでは学生から一躍みずから講義する身となり、ディオスコリデスを解釈した。その後も植物を尋ねて歩き、多くの学者と交ったが、おそらくテュービンゲンに滞在したときにはフックスと交ったであろう。コルドスは、イタリアのパドヴァ、ボローニア、フィレンツェ、シエナを旅しているうちにマラリアにかかったが、疲れをおして旅をつづけ、途中、馬に蹴られるなどしてから高熱が出て、ローマにたどりついたものの、そこで死んだ。

コルドスがディオスコリデスの著作についておこなった講義を学生がノートしたものを、ゲスナーが編集して出版している。この本には図はないが、植物の記述はそれまでの本草書のなかでは最もすぐれていた。

さて、ブロンは、ツーロンの枢機卿をパトロンにして、一五四六年、東洋への旅に出た。ギリシア、コンスタンティノープル、パレスティナ、エジプトを訪ねて、多くの動植物を観察し、旅行記を発表して有名となった。さらにドイツ、フランドル、イタリアを旅したが、このとき、ツーロンの枢機卿の主治医としてともにローマに来ていたロンドレに会った。その後、マルセーユに最も長く滞在して、魚学に興味をもち、『水生動物図解』(一五五三）を著わし、図入りで六〇以上の種を記述している。

生魚から描くため、漁夫が帰るのを海岸で久しく待ったり、ときには自身で舟に乗って網を揚げるのを手伝ったりして、材料を得、また市場に出かけて漁夫や魚屋に丹念に質問した。彼の本には魚の名がマルセーユのプロヴァンス語でしばしば出てくる。

ブロンは特定の植物群の初めてのモノグラフである『松柏植物』（一五五三）を出版したが、これも図入りで、既存のすべての種を記述している。

ブロンはパリに出て、サン・ジェルマン・ド・プレの名高い僧院に客人となった。アンリ四世の寵愛を受けて年金をもらい、アンリ二世の第二子シャルル九世（一五五〇―七四）からは、ブーローニュの森の入口近くのマドリッド城館に宿泊の権利を与えられた。しかしこれが仇となって、ブロンは、四十七歳のとき、ブーローニュの森で暗殺された。おそらく強盗の仕業と見られる。

ブロンはテオプラストスとディオスコリデスの翻訳を始めていたから、その急逝は学界の損失となった。

ブロンの『鳥類誌』（一五五五）は鳥類の初めてのモノグラフである。全七巻の最初の巻は総論で、つづく各巻に鳥類の六群を当てている。この本で最も注目すべき有名な図（図3）は、鳥の骨と人間の骨との比較であり、比較解剖学の始まりといってよいであろう。

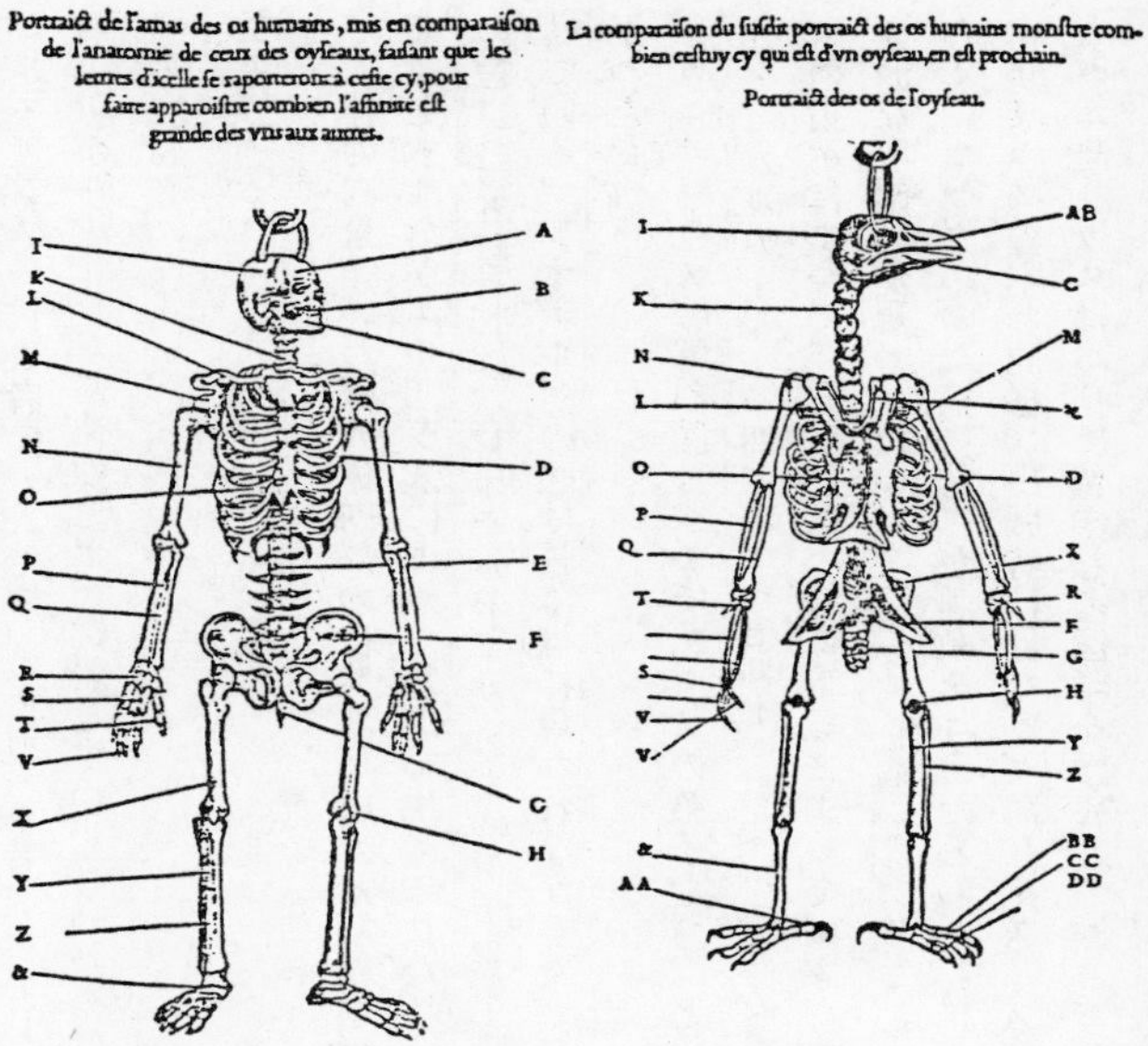
Portraict de l'amas des os humains, mis en comparaiſon de l'anatomie de ceux des oyſeaux, faiſant que les lettres d'icelle ſe raporteront à ceſte cy, pour faire apparoiſtre combien l'affinité eſt grande des vns aux autres.
La comparaiſon du ſuſdit portraict des os humains monſtre combien ceſtuy cy qui eſt d'vn oyſeau, en eſt prochain.
Portraict des os de l'oyſeau.

図3　ブロンによる人間と鳥の骨格の比較（1555）それぞれの相当部分は同じアルファベットで示される。

ルネサンスの代表者の一人で解剖学の改革者アンドレア・ヴェサリウス(一五一四―六四)がイェルサレム巡礼の途上、難船して亡くなったのは、ブロンの死と同年のことであった。

ヴェサリウス

人体の内景、いわば人体内部の自然誌といえる解剖学は、ベルギーのブリュッセルの医家に生まれたヴェサリウスによって基礎をすえられた。その著『人体構造についての七つの書』(一五四三)は、レオナルド・ダ・ヴィンチの解剖図以後、最も立派な解剖図を載せている。レオナルドの図は長く世に現われなかったから、当時はその影響はほとんどなかった。

ヴェサリウスの解剖図は、チチアーノの弟子たち、とくにヨハンネス・シュテパン・フォン・カルカール(一四九九―一五四七)によって描かれている。もちろん、ヴェサリウスの指示によって、あるいは、その下絵によって画家たちが描いた図である。このような立派な解剖図が現われたのは、「ドイツ植物学の父たち」の出した美しい図入りの本草書、とくにフックスの『植物誌』が刺激を与えたとわたしには思えるのである。この本は、ヴェサリウスの本と同様、出版者は異なるが同じくスイスのバーゼルの出版物である。

ヴェサリウスはパリに留学して医学を学んだ。パリでは人体解剖はおこなわれたが、メスを握るのは、当時の外科医、すなわち理髪師で、それより身分の高い医学教授は自身では屍体に手をふれることがなかった。ヴェサリウスはやがてパドヴァ大学に赴き、自身の手で解剖し、同地で知り合った同郷の画家カルカールに図を描かせたのである。

ヴェサリウスは、パドヴァやピサで講義をしたが、のちにカルロス五世の侍医となった。カルロス五世の退位でフェリペ二世に仕え、王に従って一五五七年にスペインのマドリッドに住んだ。ちょうどレオナルドがフランス王フランソア一世に呼ばれ、トゥール近くのロアール河のほとり、アンボアーズのクロリュッセの館に住まって最後の生涯を送ったのに似ている。

ヴェサリウスの書物は日本には伝わらなかったが、その発達した解剖学の伝統はヨハン・アダム・クルムス（一六八九—一七四五）へと受けつがれていって、クルムスの教科書『簡明解剖書』（一七二三）となって日本に伝わり、杉田玄白、前野良沢、中川淳庵、桂川甫周らがその蘭訳本を和訳して出版した『解体新書』は、蘭学興隆の基をなしたのであった。

パリ植物園の創立者ブロス

パリの王立植物園

パリの中心ノートルダムの大聖堂の塔に登ると、東南一キロの向うに、セーヌ河の上流にそって、こんもりと樹木の繁った一郭が見られる。そこが通称「植物園」である。

パリでいま「植物園 Jardin des plantes」といわれるところは、むかしは「王立植物園 Jardin du Roi」とよばれていたが、一七九三年以後の正式の名は「国立自然誌博物館 Muséum National d'Histoire Naturelle」で、最初の正式の名は「王室薬草園 Jardin Royal des plantes médicinales」である。

その初代の園長 Intendant（革命後の Directeur）はギイ・ド・ラ・ブロス（一五八六ころ—一六四一 図4）である。彼はパリの生まれらしい。祖父はアンリ大王、すなわちアンリ四世（一五五三—〔在位一五八九—〕一六一〇）の侍医で、父も医師で薬草にくわしかったという。ブロス自身はアンリ四世の子のルイ十三世（一六〇一―［在位一六一〇―］四三）の侍医となった。ブロスの上には、侍医の長であるジャン・エルアール（一五五一―一六二八）がいて、エルアールが形式的には植物園経営でもブロスの上位にあたる監督長官 Surintendant であった。この監督長官の制度は一七一八年までつづいた。ブロスがルイ十三世に植物園建設を申し出たのは一六一六年、創立の勅令が出たのが一六二六年一月六日、このときエルアールが監督長官となり、半年後に議会の決定によるブロスの園長が決まった。しかしその後二年間は、計画の実現のために数多くの願書を政府当局に出さねばならなかった。一六二四年いらいリシュリュー（一五八五―一六四二）が宰相であり、断を下す立場にあった。財政長官ブリオンに差し出した文書のなかでブロスは次のようにいう。

図4　ギィ・ド・ラ・ブロス

「……貴重な、必要な、有用なもの、加えて、都市の飾りともなり、すべての人が幸福と感じるもの、それはこの植物園の施設に優るものはありません。王が望まれ、貴下が幸いにも実現されるこの施設こそ、他のすべてのものの価値を色あせさせるものです。

この施設は王の恵みと憐れみによることはもとよりですが、大衆の受ける有益性、医学からの必要性、恵まれたパリの飾り、すべての国々の人へ薬材を習得させる便宜、貴下のご好意の効果を満たすものです。教会、墓、前線の要塞、広場、建造物、城壁、水濠、水道、噴水は偉大な施設です。しかし王のこの園は、それらのすべての有益な点を包含するものであるのみならず、健康を増進し、人の体を益する好ましいものとして、それら諸設備よりもはるかに優れています。……」

そういってブロスは、この施設が外国人にも絶えず門戸を開いて役に立つことを望んでいる。

現在も植物園は市民の憩いの場所であり、喜びであり、その目を楽しませ、自然に親しませ、また外国人も何へだてなく迎え入れている。同時に、動物・植物・鉱物の研究にいそしむ人たちがそこにいる。それは、ブロスの精神そのものであり、パリの植物園三五〇年の伝統を感じさせる。ブロスがこれを書いたのは、日本で鎖国令が発せられた時代のことである。

同じ文のなかでブロスはさらにいう。

「……われらのこの植物園設立の栄光を低めようとして、むかしからパリに王立ではないが、少なくとも王から金が出た薬草園がすでにあるではないか、また三〇年もまえにモンペリエにとても美しい植物園が建設されていて、すぐれたモデルとしてそれ以上のものを構築することはできないのではないか、と人はいうかもしれない。……」

「王から金が出た薬草園」とは、「王の植物採集家 Herboriste」とよばれるジャン・ロバン(一五五〇―一六二九)の経営する植物園のことであるが、これは三〇〇トワーズ(六〇〇平方メートル)の小規模のもので、毎年、四〇〇リーヴルの費用しか支払われていない。モンペリエの植物園は一六二四年の宗教戦争の都市防衛戦で荒れはてている、とブロスはいう。

なお、ジャン・ロバンには三人の息子があり、長男のヴェスパジアン・ロバン(一五七九―一六六二)が父の職を継いだ。彼は、フランス各地、イギリス、フランドル、ドイツ、イタリア、スペイン、そしてアフリカの地中海沿岸地方を旅して、未知の植物を勉強し、多くの植物学者と交った。とくに多くの球根類を世界の各地からパリに持ってきている。

初代園長ブロス

ブロスが述べたように、モンペリエの植物園は荒廃していた。六十歳となったベルヴァルはその再興に励んだが、意のままにならぬうち亡くなって、経営は中断状況となっていた。その再興は、ピエール・マニョル(一六三八―一七一五)の活躍を待たねばならなかった。ベルヴァルは、アルプスやピレネーや中央の山地セヴェンヌの植物の五〇〇の銅版画をつくって記録したが、出版されなかった。ブロスも王立植物園の植物の銅版図をつくったが、そのままとなった。

ブロスがどのように医学の修業をしたかは、よくわからない。しかし、代々医師であり、若いときはフランス国中を旅行し、一六一四年にはパリに出て化学の研究をし、また父ゆずりの深い知識をもって植物採集もした。

一六一九年にブロスはブルボン家のアンリ二世、すなわちコンデ公の侍医、一六二六年にルイ十三世の侍医となった。王の侍医たちの多くはモンペリエ大学出身である。ブロスはパリ大学医学部に対して批判的であった。そこでは、ガレノス説が絶対視され、治療といえば瀉血《しゃけつ》にたより、植物学や解剖学を軽視し、新しく興ってきた医化学に反対していた。

ブロスの植物園設立の目的は、薬草の栽培や研究のためであったが、医学に必要な化学の確立のためでもあった。具体的にいえば、植物標本室を完備し、薬化学の実験室を園にそなえ、薬草の成分を抽出し、薬を調製することを目的としていた。ブロスはパラケルスス派の医師である。

スイスのパラケルスス、すなわちフィリップス・アウレオルス・テオフラストゥス・ボムバストゥス・フォン・ホーヘンハイム(一四九三―一五四一)は、ラブレーより一つ年上である。スイスのバーゼル大学教授となったパラケルススは、一五二七年六月二十四日、聖ヨハネ祭の焚火を囲む大勢の人の目の前で、当時の医学の聖典ともいうべき、ガレノスの医書のすぐれた註釈書、アヴィケンナ（九八〇―一〇三七）の『カノン』すなわち『医学典範』を火中に投じて、見えを切った。彼は「医学のルター」とよばれるが、まさしくルネサンスの人である。彼はまた錬金術師である。錬金術には二つあり、一つは、鉛を金に変えるというのであるが、もう一つは、不老不死の薬をつくることである。パラケルススの場合は後者であって、化学の前身の錬金術の方法で薬を調製するものなので、医化学Iatrochimieの創始者となった。

ブロスと同時代のヨーハン・バプティスト・ファン・ヘルモント（一五七七―一六四四）もパラケルスス思想の継承者であり、ブロスと根本において似ている。ブロスのモットーは、「権威でなく、真実に」であり、ブロスはアリストテレス説に反対する。すべてのものは地（土）・水・火・風（気）からできているのではない。すべての物質は、パラケルススのいうように、塩・硫黄・水銀からなる。火も気も、「元素」とか「原素」とかいうべきものではない。さまざまな化合物を火で分解しても、気は現われることはない。気は、一つの原素でなく、「カオスChaos」とよばれるもので、さまざまのものをそのなかに入れこむものである。気は、すべての物質が蒸発によって稀薄となったものを受けとる容器のようなものである。水と土とは、すべての物質の化学的分解の結果できるものである。

それゆえ水と土は、原素ではなく、物を形づくる「種子」を生むことはできない。それは、鋳型、子宮、母体、容器のようなものである。それに含まれるものでなく、それらを含むものである。化学変化が起こるのは、形すなわち「技術士 Artisan」と火すなわち「大技術士 Grand artisan」の働きによる。この技術士は、パラケルススの「アルケウス Archaeus」を思わせる。ヘルモントも、心の師パラケルススのアルケウスをとりあげて、胃の幽門に位置するアルケウスが消化を調節し、生命を守り、いわば体内錬金術者であり、そのもとに従属する第二次のアルケウスは体内の各器官に位置して、その機能を支配すると考えた。ブロスによれば、人間はだれでも、偏見を除けば、デカルトのいう良識をもち、それは民族や出身国を問わず、良識を真理に導くのが実験であると主張する。

ブロスは、その著『植物の性質、成分、有効性について』において、植物と動物とは本質的に変わらないといい、アリストテレスの霊魂の三段階を否定し、動物と植物の同様性を指摘する。ともに、成長は同じである。運動も動物に固有ではない。ある動物は動かないし、植物でも運動するものがある。彼はフランスで初めてオジギソウを植物園に栽培して、その運動を示す。植物も動物同様に病気になる。ともに、冬眠するし、植物も夜は眠る。植物にも両性がある。動物と同じく植物も天候に感じる。アリストテレスの説とは異なり、植物は養分を土から取らないことを主張するにおいては、ヘルモントと同じである。しかしヘルモントと異なり、養分は水でなくて、水にとけた物質であるとブロスはいう。

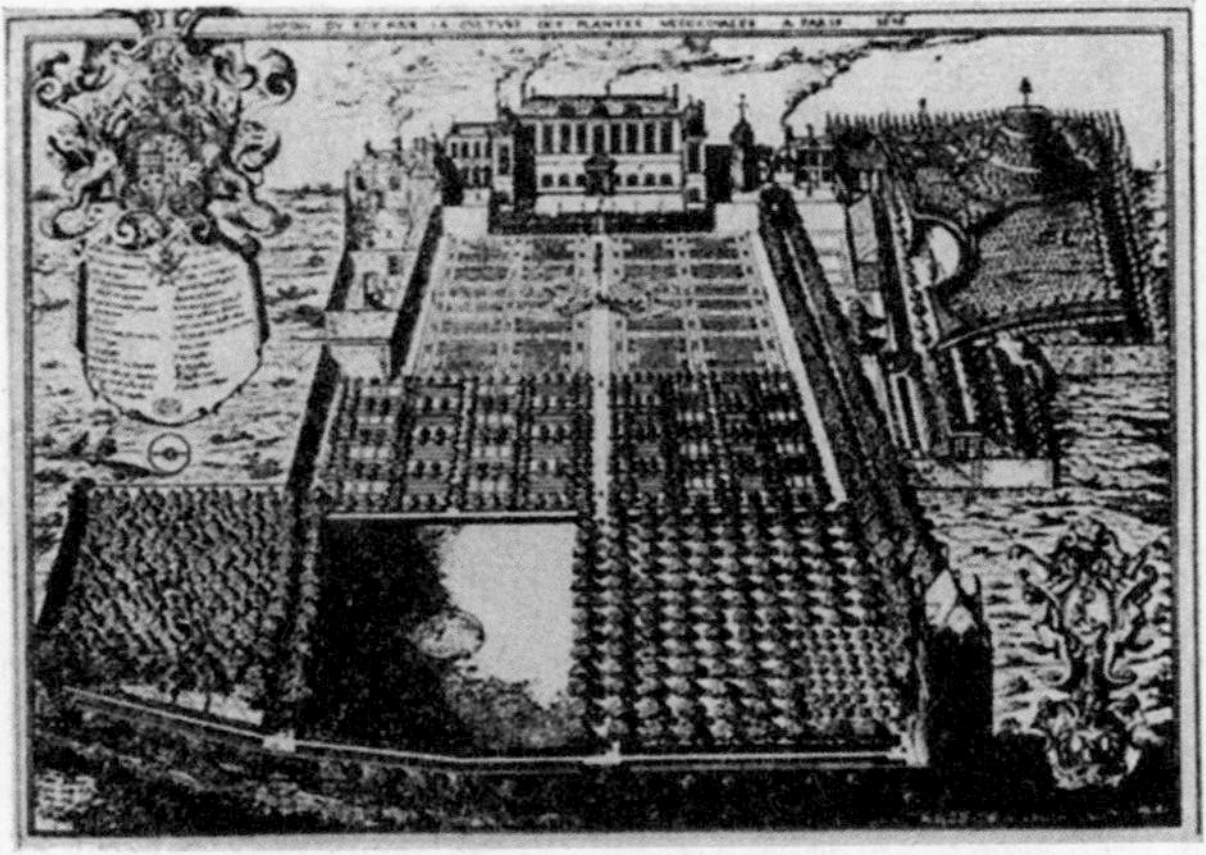

図5　1636年のパリ王立植物園　右手の奥に見えるのは、いまもあるラビリントの丘で、正門は現在と反対側の奥にある。

またヘルモントと異なり、養分は空中からもとるとすることは、さきの土と水の考えからも当然である。空気が必要なことは動物と同じとし、空気がなければ植物が死ぬことを実験で示す。そして、純粋の水と純粋の土とだけでは植物の生活は保たれないという。種子を水に入れると芽は出るが、種子内の養分が尽きれば枯れることをいう。植物の先端が窓ぎわで外界へ向かうのは外気を好むからであるという。ブロスは、それが光に向かうことは知らなかったが、医学と植物学には化学が必要なことを主張した。

日本でこれをいったのは宇田川榕庵（一七九八—一八四六）が最初で、

その著『植学啓原』『舎密《せいみ》開宗《かいそう》』を見ればそのことがわかる。

新しい植物園の設立にパリ大学医学部は反対だった。王の力がなければ、その設立は日の目を見なかったであろう。マリ・ド・メディシスの侍医のジャン・リオラン（一五八〇―一六五七）もかつて植物園設立を提唱したことがある。ともあれ植物園設立は決まった。実施計画の進まぬうちに監督長官エルアールは死んで、代りに侍医長シャルル・ブーヴァールが監督長官となった。一六三三年二月二十一日、王の名で六万七〇〇〇リーヴルが出て、土地を城外サン＝ヴィクトールに買うことができた。制度に関する勅令は一六三五年五月十五日に出て、三人の薬学の講師 Démonstrateur et opérateur de pharmaceutique が傭われ、植物学助講師 Sous-démonstrateur de l'extérieur des plantes にヴェスパジアン・ロバンが任命された。俸給は、監督長官三〇〇〇リーヴル、園長六〇〇〇リーヴル、講師一五〇〇リーヴル、助講師六〇〇リーヴル、人件費以外の費用四八〇〇リーヴル（ただし、そのうち四〇〇リーヴルは傭人の賃金）であった。ブロスには園内の官舎が与えられた。その場所は、現在、動物研究所となっているところである。

ブロスは、外国から、とくにインドとアメリカ大陸から多くの植物やその種子を輸入した。一六三六年の出版物に一八〇〇種の植物のリストがある。ロバンの植物園から多く移植したこともあり、観賞用の球根植物が多い。種類数（数字で示す）の多いものをあげると、スイセン *Narcissus* 一〇〇、ヒアシンス *Hyacinthus* 五九、アヤメ *Iris* 四七、アネモ

ネ *Anemone* 四二、ウマノアシガタ *Ranunculus* 三七、バラ *Rosa* 二六。次いで多いものをアルファベット順に示す。クロカス *Crocus*、シクラメン *Cyclamen*、バイモ *Fritillaria*、ゼラニウム *Geranium*、グラジオラス *Gladiolus*、スハマソウ *Hepatica*、ユリ *Lilium*、オルニトガルム *Ornithogalum*、サクラソウ *Primula*、チューリップ *Tulipa* である。

一六四〇年に植物園は一般に公開され、その機能を開始した。その翌年、ブロスは約五五年の生涯を閉じた。

フランス植物学の父ツルヌフォール

生えぬきの園長ファゴン

創立者ブロスが一六四一年に死去し、パリの王立植物園の発展は足ぶみした。園の監督長官は、初代のエルアールのあとを継いで一六二八年いらいシャルル・ブーヴァールが、一六四六年にフランソワ・ヴォチエが、一六五二年以降は一年おいてアントワーヌ・ヴァロがなった。

一六四三年にルイ十三世が亡くなり、ルイ十四世（一六三八—一七一五）時代となる。宰相リシュリューの没後、彼がかねてから推薦していたマザラン（一六〇二—一六六一）がその後継者となった。ルイ十三世の死のときルイ十四世は五歳に満たなかったから、母后アンヌ・ドートリッシュ（一六〇一—一六六六）が摂政となり、宰相マザランはひきつづき、その死までその職にあって、リシュリューの政治の方向を守り、王権を強化した。一六六一年、マザランが没すると、二十三歳になろうとしていたルイ十四世は自ら政治をとる決心をした。「われが国家である」という有名なことばは、真偽はともかく、事実、ルイ十四世の一貫した態度となった。

財政監督長官Surintendant des financesのフーケ(一六一五―八〇)は、マザランの信頼が厚かった。しかし、ヴォー・ル・ヴィコントの地に粋を極めた彼の城館と、造園の天才アンドレ・ル・ノートル(一六一三―一七〇〇)の設計によるすばらしいフランス式庭園とは、招かれた若いルイ十四世の反感を買い、フーケは国費乱用の罪で捕えられた。モリエールやラ・フォンテーヌのパトロンであった才人フーケも、その死まで、じつに一九年間、ヴァンセンヌの獄中にあった。一方、王は、ヴェルサイユの狩小屋を壮大な宮殿につくり変え、ル・ノートルに命じて、広大な庭園をつくらせて、きらびやかな宮廷生活を始める。

また、長くマザランの家令として経理にくわしいジャン・バプチスト・コルベール(一六一九―八三)は、フーケに代って財務を司る総監となった。コルベールおよびその後継者らは建設監督長官に植物園の監督長官を兼任させ、一六七一年、植物園監督長官の制度は一六九九年まで廃止された。

園長のほうは、初代ブロスの死後、一六四一年からシャルル・ブーヴァールの子ミシェル・ブーヴァール・ド・フルケーが、一六四七年からウィリアム・ダヴィソンが継いだが、一六五一年に廃止された。園の経営は監督長官のみで処理されたが、長官の廃止によって、一六七二年、モンペリエからアントワーヌ・ダカンが来て園長の職が復活した。

植物園がふたたび息を吹きかえすのは、一六七三年、ギィ＝クレサン・ファゴン（一六三八―一七一八　図6）が園長になってからである。ファゴンは、初代園長ブロスの甥に当たる。ルイ十四世の誕生と同じ年に植物園の官舎に生まれ、そのなかで育ち、じつに四〇年間、植物園で働き、そこで死んだ人である。

一六六四年にパリ大学医学部の博士号をとり、翌年二十七歳で、代理ではあるが化学を学生に教え、一六七一年に植物園の植物学教授 Démonstrateur et professeur des plantes au Jardin Royal となった。翌年、薬学の講師 Démonstrateur et opérateur de pharmacie をも兼ね、それらの職にありながら、一六七三年、園長となった。当時、彼以外に植物園に勤務していた正式職員は、同じく薬学講師としての、園長アントワーヌ・ダカンの弟ピエール・ダカン、植物画家のジャン・ジュベール、それに園丁長 Jardinier en chef のジャン・ブレマンのみである。

図6　ギィ＝クレサン・ファゴン

ファゴンは、初め皇太子と母后の侍医、次いで侍医アントワーヌ・ダカンが寵を失うとルイ十四世の侍医長となったが、一六九九年に植物園の監督長官の職を復活して、その職に任命され、八十歳で没するまでその職にあった。この職は、彼の死の一七一八年以後はルイ・ポアリエによって受けつがれたが、侍医長の職とは離れて本官でなくなり、一七三二年に正式に永久に廃止された。

ファゴンの大きな功績は二つある。一つは、園の発展、もう一つは、学者の起用である。園の設立者だった彼の叔父ブロスはパリ大学の人ではなく、そのため園の新設のさいはパリ大学医学部の教授たちの反対を押しきらねばならなかった。教授たちは医学の独占をはかり、モンペリエ系の侍医のなかから園の監督長官や園長が任命されることには絶えず抵抗したのだが、園はつねに王の後ろ楯で守られてきたのである。パリ大学医学部のみが医学博士の称号を与えることができ、それなしではパリでの営業は認められなかった。王の侍医たちは歴史的にモンペリエ大学関係者であって、ダカンがモンペリエからよばれて侍医となったときも、他の侍医たちは彼の周りに集まって、パリの医学部と対抗した。

ファゴンがパリ大学に学んで学位を得たことが、永年の医学部対植物園の抗争を和らげることになった。植物園で出した新しい免許状は、パリ大学で博士号をとるのに役立つことになった。

ファゴンの第二の功績は、ツルヌフォール、セバスチアン・ヴァイアン、アントワーヌ・ド・ジュシューらの学者の起用である。

ツルヌフォールの植物採集

ジョセフ・ピットン・ド・ツルヌフォール（一六五六―一七〇八　図7）は、南フランスのエクス・アン・プロヴァンスの「学校街 La rue de l'école (la ruelle Saint Joachim)」に面した家で六月三日に生まれた。父のピエールは法律家で、王の秘書の役職をもっていた。エクスから一四キロ離れた土地ツルヌフォールの城主であり、豊かな領地と財産があった。母方は、パリに住む貴族の出で、エクスには多くの貴族の親戚がいた。エクスは地中海に近く、町中のプラタヌスの大木の並木は、さすがにプロヴァンスの古都を思わせる。むかしから法律・文芸・科学の研究で知られ、「南フランスのアテネ」といわれたのも、もっともである。

エクスが、偉大な植物学者ツルヌフォール、さらにのちにはミシェル・アダンソンを生んだのは、偶然ではなかった。いったいにこの付近は植物が豊富で、むかしからエクスには植物の栽培に情熱を燃やす人が多かった。エクス生まれのセザンヌが好んで描いたサント・ヴィクトワール山は、とくに植物の種類に富んでいた。

ツルヌフォールには、一人の兄、七人の姉妹があった。兄は父の職を継いだが、次男の彼は僧となることが父によって決められ、十二歳で地元のジェズイットの学校に入った。ここでギリシア語、ラテン語を十分に学んだことが、のちに古典の文献を容易に読み、明晰な文章を書く基礎となった。

幼いときから植物への愛好が著しく、学校を抜け出ては植物採集に熱中した。人家の囲いのなかでも珍しい植物を見ると、知らず知らずのうちに庭に入りこみ、ときには壁をのりこえたりして、犬に着物を引き裂かれたり、泥棒と間違えられて農夫に追いかけられたり、石を投げられたりした。

図7　ジョセフ・ピットン・ド・ツルヌフォール

このようなことは学校で喜ばれるはずもなく、罰を受けることもあった。
一般教養を学んだあとは哲学のクラスに入った。科学はべつに好きではなかった。スコラ哲学のなかには自然を映す何ものもなかったし、アリストテレスの理論も彼には物足りなかった。ある日、父の書斎にデカルトの本を見つけて読みふけり、父がそばに来たのも知らなかった。父は、読むのを禁じたが、彼はいろいろの手段を講じて、結局、これを読みとおした。父がこの本を持っていたことが、彼に新しい教育をほどこしたことになる。
父が一六七七年に亡くなり、彼は自由になると、神学を棄てて医学と植物学を学ぶことを決めた。翌年、彼は、自分が住むプロヴァンス地方はもとより、隣りのドォフィネ地方、サボア地方と広く歩きまわった。後日、アンチル諸島に植物を採集したことで有名になったシャルル・プルミエ師（一六四六―一七〇四）や、『エクス付近植物誌』の著者となったピエール・ガリデル（一六六〇―一七三七）と行を共にすることもあった。そして多数の腊葉《さくよう》（押し葉）をつくった。

付近の植物にすっかりくわしくなった二十三歳のツルヌフォールは、一六七九年、モンペリエに行き、ピエール・マニョル（一六三八―一七一五）の講義に出た。しかし、学生として登録してはいない。薬学や解剖学も熱心に勉強した。

モンペリエ付近は、いまはブドウ畑となっているところも、そのころは植物の生い繁る谷や森で、のちにリンネはこの地を「植物学者の楽園」とよんだ。ツルヌフォールは、べつに資格はもたなかったが、医師や植物愛好家や学生の植物採集を指導した。

モンペリエの医科大学付属植物園は、ベルヴァルによって設立されたが、宗教戦争で荒れはてていた。マニョルはその再建に努力した。マニョルの著作に『モンペリエ植物誌』（一六八六）がある。また『一般植物誌試論』（一六八九）では植物を七六科に分けていて、科の創設者ともいわれるが、科の性質については述べていないので、科の創設者は、のちの人に求めたほうがよいと思われる。彼の息子によって出版された遺稿『植物新形質』は、ツルヌフォールの体系を批判している。また、萼《がく》は花弁と異なり、つねに植物に存在するとの理由から、萼による分類を考えた。マニョルを記念するマグノリア *Magnolia*（モクレン属）は、プルミエによって建てられ、リンネが採用している属名である。

ツルヌフォールは、モンペリエに滞在中の一六八一年に南の地方に植物採集に出かけた。ペルピニャンまで行くと、ピレネーの高山は、あまりに近く迫って見えた。ピレネーの山地は危険だからと、友人や学生たちに引き止められたが、それを振り切って彼は、軽い荷物と財布を持って、ひとりで出発した。モン・ルイを通ってピレネーの尾根に出るや否や、彼は数人のスペインの山賊におどされ、とくにミケレとよばれる山賊には身ぐるみはがされてしまった。「これでは寒さで死んでしまう」と抗議すると、「ジュストーコール」という、ひざまで長く体にぴったりと合った上衣を、そのポケットをからにして、返してくれた。幸い、ポケットの穴から落ちていた小銀貨がいくらか上衣の裏地のなかにあった。助かった銀貨を黒パンのなかに押しかくしてツルヌフォールは、さらに山道をたどった。その後も何回か山賊に会ったが、山賊は、黒パン一片しか持たぬ彼を見て、通してくれるのであった。

一文なしで、バルセロナの有名な薬学者・植物学者ジャック・サルヴァドルのところにたどり着き、五月から六月末までそこにいて、医師や学生とともに付近を採集した。

帰途もピレネーを越えねばならなかった。長い山道を歩いて、疲れはて、やっと見つけた木樵《きこり》の小屋で休んでいると、朽ちかけていたその小屋が一陣の風とともに倒れ、彼はその下敷きとなってしまった。動きもならず、叫び声をあげていると、通りがかりの農夫が二時間かけて助け出してくれ、危く死を免れた。

モンペリエでの勉強を終え、一六八二年、採集した多数の標本の整理のためにエクスに帰ったツルヌフォールは、乾燥した腊葉を白紙に貼りつけ、その紙を綴じて書物の形式とした。これは、むかしの植物採集家がよくやった整理法である。

ツルヌフォール、パリに行く

熱心な植物採集家で南フランスの植物を熟知するツルヌフォールの名声は、パリのファゴンの耳にも入った。ツルヌフォール家と親しいエクス出身のヴェネル夫人は、パリで王子・王女養育副係長 Sous-gouvernante des enfants de la France をしていたので、ツルヌフォールに手紙を書いて、パリへ来るようすすめた。そして一六八三年、パリに出て来たツルヌフォールをファゴンに紹介した。ルイ十三世は、ツルヌフォールを謁見して、たちまち彼の価値を認めた。こうして彼は、植物園で六月と七月の六週間、植物学の助講師として植物を教えることになった。

植物園での講義は、園が公開された一六四〇年から始められ、園長ブロスの講義があり、毎年つづけられていた。植物園での聴講はまったく無料で、無資格でよかった。十七世紀前半では講義は一般にラテン語でするのがふつうなのに、ここではフランス語でおこなわれた。また、試験もなかったが、免状もなく、何の資格も生じないのである。

講義は、朝早く五時か六時に始まり、夏の講義として好季節の六月、七月におこなわれた。パリには梅雨のシーズンはなく、このころは花の盛りのときである。解剖学の講義は冬だった。

開講のときは、多少ものものしく、講師は、まずこの仕事についての歴史を簡単に述べ、従来の見解に意見を述べたり、批判を加えてから、自身の講義の内容、その方法論や原理を述べるのが常であった。

講義の広告は植物園の入口の掲示板に貼られ、講師名、講義の名目、日付などが記された。一七〇二年のツルヌフォールの講義の広告が残っているが、すべてラテン語で記され、ただ「国王の命により、剣や槍を所持する者は入園を禁ず」という注意書のみはフランス語で記してあるのが面白い。

ツルヌフォールは、このような講義のほかに、国内外から送られてきて園に植えられた植物のカタログをつくる役目を与えられたが、毎年、相変わらず各地に植物採集に出かけている。

一六八五年には二月、三月をモンペリエで過ごしたが、四月にはプロヴァンス各地で採集し、五月にはパリでの講義に帰り、秋にはピレネーと南フランスで植物を採集している。翌年にはまたモンペリエその他の南フランスに出かけ、またオランダにも行った。このとき、ライデン大学の植物学教授のパウル・ヘルマン（一六四六―九五）は、ツルヌフォールに教授の席についてくれと頼んだ。フランスとオランダとは一六七二年から七八年にかけて戦争をしていたから、ヘルマンの考えの自由さがうかがわれる。年に四〇〇〇リーヴルの報酬はパリ植物園での彼の報酬をはるかに上まわったが、彼はこれをことわった。一六八七年にはイギリスに行き、その地から多くの植物を持ち帰って、園に植えた。この年も東部ピレネーやスペイン各地を旅行している。

フランス学士院 Académie Française はリシュリューによって一六三四年に設立され、科学王立アカデミー Académie Royale des Sciences はコルベールによって一六六六年に設立されて、ともに今日に至っている（ただし Royale の文字は、いまはない）。科学アカデミー総裁ビニョン師の推薦で、ツルヌフォールはアカデミー会員となり、その『紀要』に一六九二年から一七〇七年までに一四篇の論文を書いた。そのうち化学に関する一篇のほかはすべて植物学のものである。

一六九三年、ファゴンが侍医長となったため、植物園の講義はツルヌフォールにまかされた。正式に教授となったのは一七〇八年であるが、この年に彼は死んでいる。これは、彼が植物採集や著述に忙しかったからと思われる。

一六九四年、『基礎植物学』三巻（図8）はルーブルにある王立印刷局から出版された。第一巻は本文で、第二巻と第三巻とはクロード・オーブリエに描かせた合計四五一図に及

図8　ツルヌフォール『基礎植物学』の扉絵　当時の植物園全景が描かれていて、右手上にラビリント（迷路）の丘が見える。

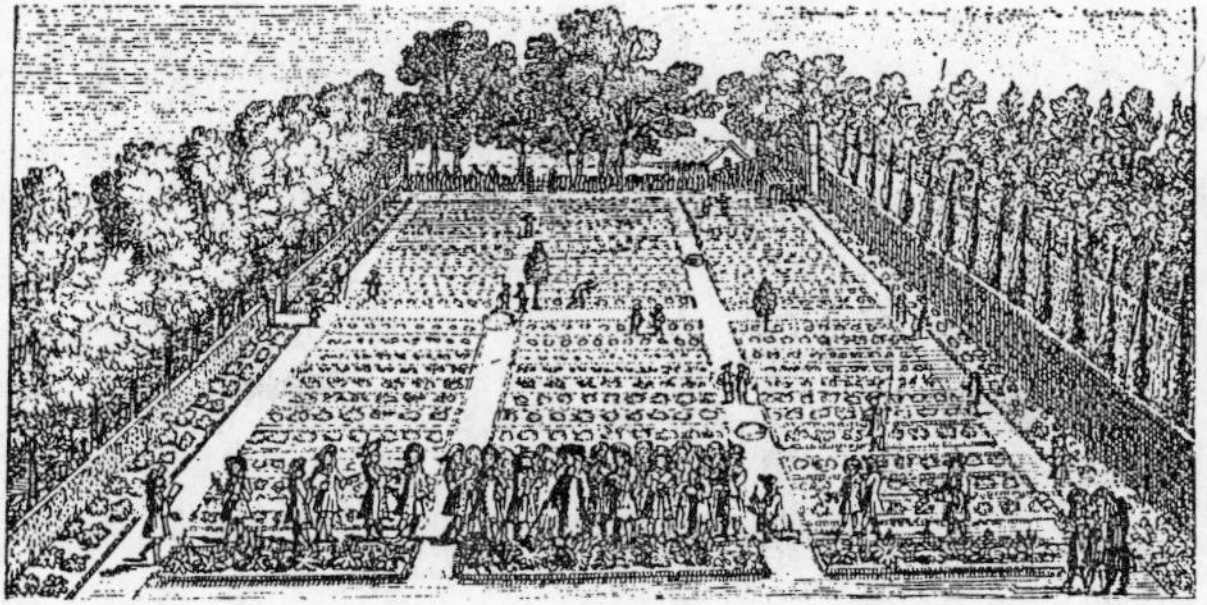

図9 「植物学校」前方中央は、ツルヌフォールが植物を示して学生に教えているところ。植物学校は図8の右側、二列の並木のさらに右手にも見られる。図5ではまだ存在しないことがわかる（R. Heim 編 *Tournefort* より）。

ぶ説明図である。ここには、当時知られた八八四六種の植物が、彼の分類体系の二二綱にまとめられている。この本はフランス語で書かれているが、世界の人のために当時の国際語であるラテン語に自分で訳した（一七〇〇）。この『基礎植物学』の分類体系の発表にともない、植物園のなかの「植物学校 École de Botanique」（図9）の植物の配置を変えた。

この「植物学校」というよび名はいまも使われているが、建物のことでなく、いま一般にいう分類花壇のことであり、植物の見本園である。ここを歩きながら、先生が個々の植物をあれこれ指さして説明し、学生たちに実物について植物を教えるのである。この役は、「講師」と一応訳しておいた「デモンストラトゥール Démonstrateur」、すなわち、デモンストレーションをする人の仕事で、その名は実物を示すことに由来する。

植物学は二つの部分からなる、とツルヌフォールはいう。一つは、植物に対する正確な知識であり、一つは、その利用法である。植物の形態をよく見て、その正確な名を知り、次いで、その薬効を知ることである、という。

ツルヌフォールの主著の第二は、『パリ付近植物誌ならびに薬効』(一六九八)で、小型本ながら五四三ページもある。植物採集地を六箇所に分け、それぞれで見られる植物、とくに薬用植物の属名をアルファベット順に種をくわしく記述し、多くの本草家によるよび名を考証し、次いで形質を述べ、製薬の方法・薬効に及んでいる。それは、あたかもツルヌフォールの講義を聴いている感じを与える。

ツルヌフォールの植物分類体系

ツルヌフォールが、それまでの本草家と異なって、ここに「フランス植物学の父」とよばれるわけは、分類のための属《ぞく》と種《しゅ》および体系を確立したからである。なかでもツルヌフォールが最も力を入れたのは、属の確立である。

属と種を学問的に規定したのはアリストテレスが最初である。属は一般であり、種は属のなかの特殊のものであり、属と種で事物は整理されるとされた。笛は楽器に属すとか楽器の一種であるといえば、わかりがよい。属と種とが厳密に考えられないころから、動植物の名には属名と種名とが用いられていた。

わたしたちはアカマツは「マツ」の一種だと思い、アカマツもクロマツもハイマツもゴヨウマツも「マツ」に属するとする。現在の植物学から見ても、これでよい。しかし「ニンジン」は、ニンジンのような形の根をもつものに一般に用いられた。チョウセンニンジン、チクセツニンジンは同じ属（ウコギ科）と見てもよく、これが、むかしは「ニンジン」とよばれ、いまいう野菜のニンジン（セリ科）は「セリニンジン」とよばれていた。ウコギ科とセリ科は似ているが、ツリガネニンジンはまったく異なるキキョウ科である。「カシ」を属名と考えると、シロガシ、アカガシ、ウバメガシはよいが、クヌギ、カシワも「カシ」に属するし、他方、アカメガシワは「カシワ」とはまったく異なる植物である。このような科学的でない名のつけ方は西欧でも同様であって、世界の本草家の動植物のよび方でもあった。

ツルヌフォールは、このことを説明している。ラヌンクルス属 *Ranunculus*（日本でキンポウゲ属）は、ヒキガエル *Rana* のいるような所に生える植物という語源をもつ。日本でも「ヒキノカサ」は、ガマのかざす傘を意味する名で、現在の学名は *Ranunculus Zuccarini* である。しかしラヌンクルス属は、花の一定の構造のものにつけられるべき属名であって、ヒキガエルのいそうな湿地でなく、乾燥地に生えるものにも用いるべきものであるとツルヌフォールは主張する。こうして、日常の語と区別して植物学名として厳密に用いるのである。

もちろん、種名は当時の共通語のラテン語が用いられ、属の名が最初に出て、それを限定することばがそれにつづいて出てくる。一般に、あとに来る限定語は形容詞が多く、似た種がなくて一属に一種ならば一語で足りるが、似たものが多いと、属名の次に多くの語がついて来るから、現在のような、属名ともう一つの語で学名を表わす二命名法ではない。しかし二語ですんでいる植物名は、本草書にもたくさんある。

ツルヌフォールの『基礎植物学』には六七三属・八八四六種があり、属の記述は統一的にくわしく述べられ、彼は科学的な属の創設者と見られる。属の下には種名を列記しているが、当時の種名はいわば種の定義であるから、種の名はすなわち種の記述でもある。種がすでに知られていたものは、主としてガスパール・ボーアンの『植物要覧』（一六二三）のものを引用している。ボーアンのこの書は六〇〇〇種の植物が記述され、いわば西欧本草書の完成といってもよいのであった。

ツルヌフォールは、植物全体を花の形によって一四綱《こう》 classe に分け、さらに果実・種子によってそれぞれの綱を目《もく》 section に小分けして属にまとめた。このように、植物の一定の形質をとって分類したことは、本草学とはまったく異なり、画期的なものといえる。本草学では植物名をアルファベット順に並べたり、薬効によって分けたり、植物を使う用途で分けたり、いろいろな形質を一定の方針なしに便宜的に分けた。テオプラストスは植物を木・灌木・草と分け、多くの人たちがそれを踏襲したが、それからの小分けをどうするかは難しかった。

イタリアのトスカナ生まれのアンドレア・チェサルピノはアリストテレス学者として名高く、ピサの医学教授で同地の歴史の古い植物園の園長だった。彼は、アリストテレスの目的論によって、完成した植物体の目的は子孫の繁栄であり、果実・種子にあるとし、木

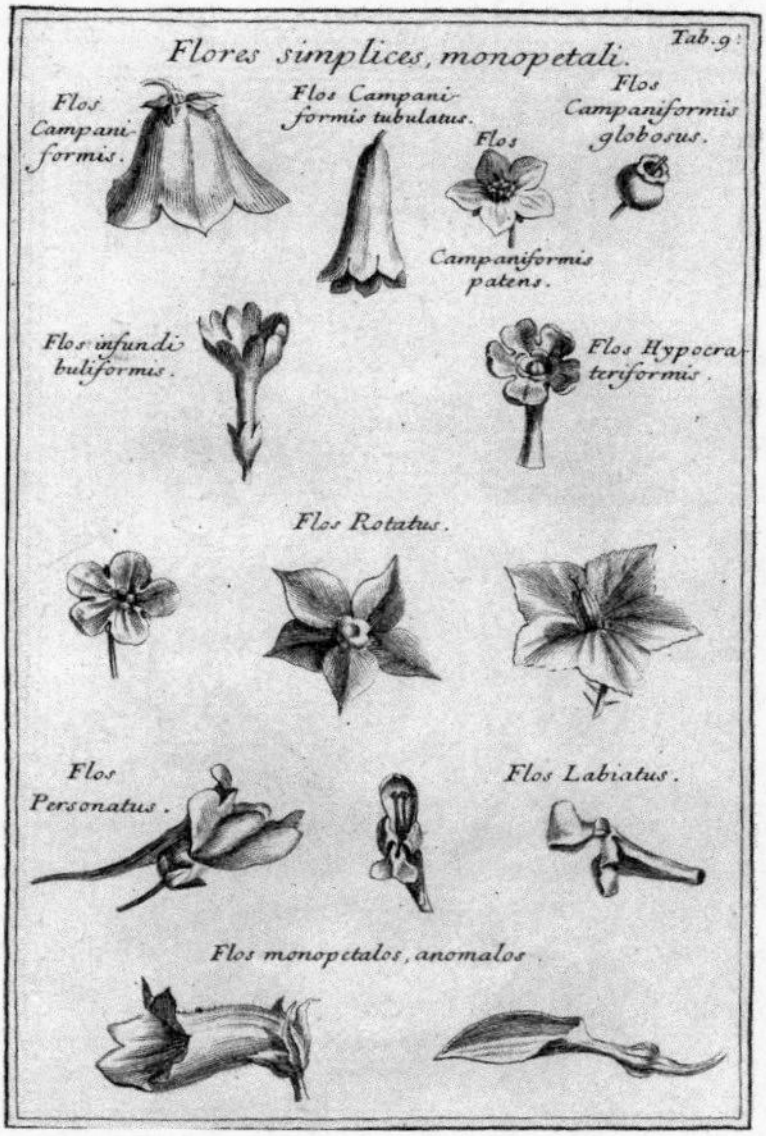

図10　第1列：第1綱。第2列、第3列：第2綱。第4列：左、第3綱、中および右、第4綱。第5列：第4綱に入れられるもの（『基礎植物学』より）。

と草を分けたあと、木を五類に草を一一類に分けた。類は主として果実が分かれる数や種子の数によった。

ライプツィヒ大学教授アウグスト・キリヌス・バッハマン、通称リヴィヌス（一六五二―一七二三）は、果実・種子より花が先行するので、完成体である花の形質をとり、花弁の数で植物を一八綱に分けた。

右の二人の分類法は、その体系によって全部の植物を分類して示したわけでなく、他の

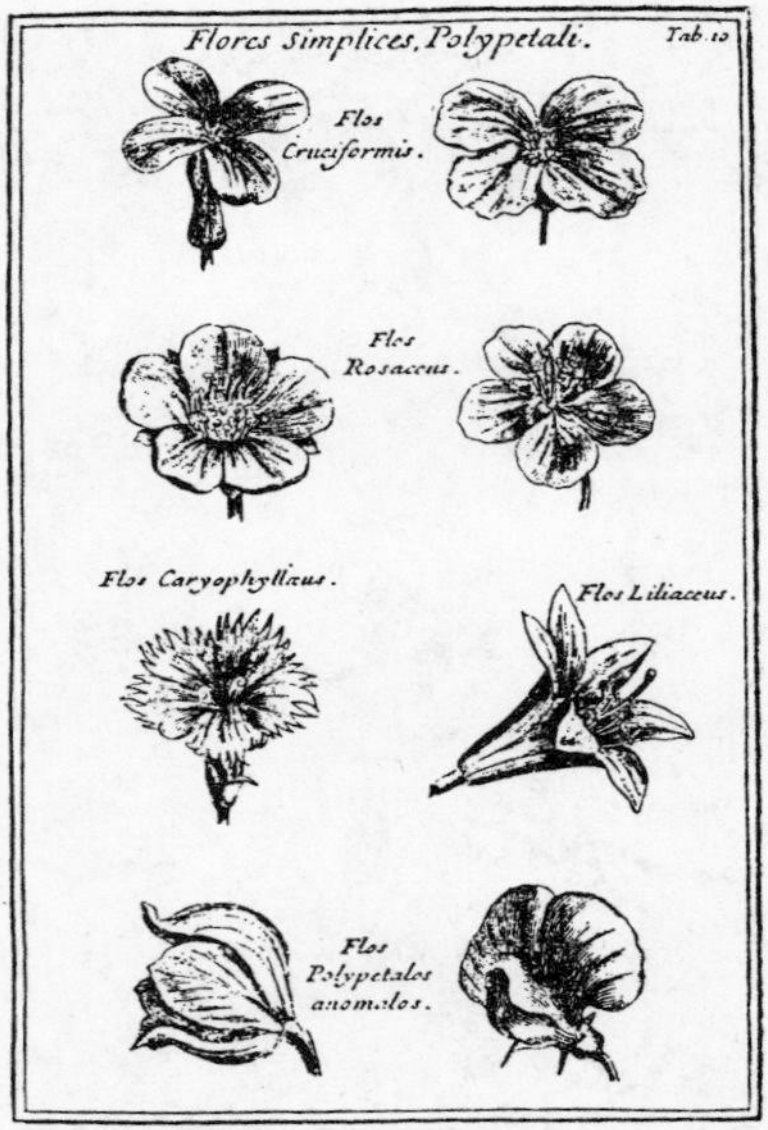

図11　第1列：第5綱。第2列：第6綱。第3列：左、第8綱、右、第9綱。第4列：左、第17綱、右、第10綱（『基礎植物学』より）。

植物学者にも採用されず、一般にはあまり知られることがなかった。花と果実で分類することの重要性は、スイスのツューリッヒのゲスナーやイタリアのファビオ・コロンナ（一五六七—一六五〇）も認めていた。

ツルヌフォールによると、花は萼、花弁、雄しべ・雌しべからなる。根から吸われた液汁は、花弁によって余分なもの・有害なものが除かれ、精妙となって、果実を大にし、種子をみのらせるのである。そのため、排除された粗雑な液汁成分は、雄しべの葯《やく》からほこりとなって外に吐き出され、飛び散る。現在ではラテン語やフランス語の（英語でも）「ポーレン pollen」は「花粉」と訳すが、これはフランス語の「プッシエール poussière（ほこり、塵）」と同じであって、「汚染」の pollution はこの語から出ている。萼は花をつつんで保護するものであり、花弁は果実・種子をみのらせるための、いわば工場設備である。「雄しべ（雄蕊《ゆうずい》）」「雌しべ（雌蕊《しずい》）」は現代的な訳であり、当時は植物の生殖器官は知られていないから、「雄しべ stamen（étamine）」のもとの語は、糸という意味で、「花糸」とよぶにふさわしく、「葯」つまり「花粉ぶくろ anthera（anthère）」は開花を表わす語で、おそらく、花が開くとそれがはっきり見えることからつけられた名である。また雌しべを表わすフランス語の pistil は、その形から乳棒、すりこぎ、杵《きね》（ラテン語の pistillum、フランス語の pilon）から出たことばで、雌の意味は何らないのである。花弁の重要性を考えれば、彼が花の形で綱を分け、果実・種子の型で目に分けたことは理解される。

彼は、植物を、草および半灌木、木および灌木とに二大別し、その後は、(A)有弁花か、(B)無弁花か、(a)単一花か、(b)集合花か、(*A*)合弁花か、(*B*)離弁花か、(*a*)放射相称か、(*b*)左右相称か、に分ける。次いで、花の形によって二二綱に分かれるが、木または灌木のものは、属が少ないため、大分けになっている。綱を以上の形質で示し、植物の例をあげておく(綱の字を省く。例、「①鐘形花」は「第一綱　鐘形花綱」の略)。

Ⅰ　草部　(Aa*Aa*)　①鐘形花=リンドウ　②漏斗《ろうと》形花と輪形花=サクラソウ　(Aa*Ab*)　③仮面形花=ゴマノハグサ　④唇形花=サルビア　(Aa*Ba*)　⑤十字形花=アブラナ　⑥バラ形花=フウロソウ　⑦バラ形花で散形花=セリ　⑧ナデシコ形花=ナデシコ　⑨ユリ形花=チューリップ　(Aa*Bb*)　⑩マメ形花=ソラマメ　⑪異形花=ツリフネソウ、スミレ　(Ab)　⑫筒状花=アザミ　⑬半筒状花=ジシバリ　⑭舌状花=ヨメナ　(B)　⑮無弁雄蕊花=タデ、コムギ、ガマ　⑯無弁有果実=シダ類　⑰無弁無果実=コケ類、菌類、藻類

Ⅱ　木部　(B)　⑬真正無弁花=トネリコ、ツゲ　⑲尾状花序=クルミ、カシワ、マツ　(A*Aa*)　⑳合弁形花=ネズミモチ、コケモモ　(AB*a*)　㉑バラ形花=ウルシ、ツタ、トチノキ　(A*Bb*)　㉒蝶形花=ニセアカシア

一六九九年、ツルヌフォールはルイ十四世によって科学アカデミーの年金受給植物学者に指名された。この年の暮れ、大法官に移ったフェリポー・ド・ポンシャルトレンが外国の地誌・産物・商業・宗教・慣習の視察のために学者を遠く派遣することを王にすすめ、一七〇〇年が明けると、科学アカデミー総裁のビニヨン師はツルヌフォールを近東諸国への視察旅行者に推薦した。ツルヌフォールにとって近東諸国は、ディオスコリデスの本にもあるとおり、本草学の根源地であり、その植物を自分の目で確かめるよい機会であった。四十四歳の彼は、三十二歳のドイツ人医師アンドレ・グンデルスハイマーを助手とし、王立植物園の画家の三十五歳のC・オーブリエを連れて、ポンシャルトレンとファゴンの命でヴェルサイユ宮で王の謁見をたまわった。

三月九日、パリを出て、リヨン、アビニヨンを経由して故郷エクスに立ち寄り、三月二十七日から約一か月、マルセーユから船出の準備がなるまで植物採集をした。

やがて船は出帆して、地中海のクレタ島に五月三日に到着した。八月一日からは多島海の島々をまわってから、ダーダネルス海峡を通り、コンスタンティノープルに到着した。フランス大使館に宿泊してここにしばらく滞在し、トルコの政治・宗教・習慣をも学んだ。一七〇一年四月十三日、コンスタンティノープルを船出して黒海沿いを行き、途中、たびたび上陸しながら、四月二十六日、トレビゾンド（トラペズス）から船を降りた。そしてアルメニアを旅して、黒海と裏海（カスピ海）の中間にあるチフリスに出、南下して、ノアの箱船で有名なアララット山に登ってから、西へ向かい、トカト、アンゴラを経て、古いビザンティンの首都でアジアのなかで最もすばらしい町といわれたブルスを訪れてから、小アジア半島の地中海に近いマグネシア、さらにスミルナ、サモスの島に寄った。船はパトモス島近くで嵐に会って、スミルナにもどされたが、ふたたび船出して、マルタ島に寄ってから、一路、マルセーユに向かい、五月三日に着いた。

一行は、エクスに立ち寄ってからパリに帰り、ルイ十四世に旅行の報告をした。

初めはエジプトにまで行く予定であったが、ペストが流行していたので、これは断念している。

この旅行でツルヌフォールは一三五六種の新植物を報告したが、それは、彼のあらかじめ定めた綱目にすべて属させることができ、新しい属をつけ加えるのみであったという。このことは、彼の『基礎植物学』の分類体系がいかにすぐれていたかを示すものである。

ツルヌフォールは、一七〇六年六月一日、王立コレージュ（コレージュ・ド・フランスの前身）の初めての植物学教授となり、一七〇八年四月十六日、正式に植物園の植物学教授 Démonstrateur et professeur de l'intérieur et de l'extérieur des plantes となった。彼は、なすべき仕事が多く、十分に寝る時間もなかった。この年、彼は、植物園横のクポー街（現在のラセペード街）で馬車の車軸と道路横の壁とのあいだに押しつけられて負傷し、頑健な体もしだいに弱り、それから数か月後の十一月二十八日、五十二歳で亡くなった。

『旅行記』二巻(一七一七)のうち第一巻(五四四ページ)は、刷るばかりになっていて、彼の死後ただちに印刷された。第二巻(五二六ページ)は、写本から組版にして、科学アカデミーのベルナール・ル・ボヴィエ・ド・フォントネル(一六五七―一七五七)の弔詞を序文に付して刊行された。この『旅行記』は、ポンシャルトレンへの手紙の形式で、出発からマルセーユ帰航までを記述している。文中には多くの植物についてすぐれた記載があり、オーブリエが現地で写生した美しい二〇〇葉の図が収められている。

ツルヌフォールの『旅行記』を見ると、時代を同じくするエンゲルベルト・ケンペル(一六五一―一七一六)のことを思い出す。ドイツのレムゴーに生まれた彼は、ロシアを通ってペルシアの首都イスファファンに行き、それからシャム、ジャワを経て、日本に来た。日本の事情はこのケンペルによってくわしくヨーロッパに広く紹介されたのであった。

『自然誌』の著者ビュフォン園長

ビュフォンの生いたち

フランスの文学史にはジョルジュ・ルイ＝マリ＝ルクレルク・コント・ド・ビュフォン（一七〇七―八八　図12）の名が必ず出てくる。彼の『自然誌』は広く世に知られているが、わが国では彼の名も著書も一般にはほとんど知られていない。彼の『自然誌』はその一片の文章すらも邦訳されず、ましてビュフォンについての本はない。しかし、フランスの植物園の長い歴史のなかでヨーロッパじゅうから最も注目され、その著作が最も親しまれてきたのは、ビュフォンである。

ビュフォンは、ルイ十三世、ルイ十四世、ルイ十五世（一七一〇―〔在位一七一五―〕七四）の三代に仕え、いわばフランス王政の黄金時代とともにその生涯を送った。ルイ十五世からは伯爵の称号を与えられている。

彼の『自然誌』はいままでに一〇〇回以上も版を重ねた。児童向けの抜萃版は二五〇種を下らない。この著作がどれほど多くの人びとに動物への興味を養ってきたかは、はかり知れない。イギリス、ドイツ、イタリア、スペインの各語訳は早くから出た。ヨーロッパと日本とは動物の種が異なっていても近似のものが多く、またビュフォンの扱った珍しい動物はほとんど現在の日本の動物園に見られるから、ビュフォンの本の邦訳が期待される。ビュフォンは、それまで出版された動物の文献をすべて読みこなし、自身の観察をつけ加えて、『自然誌』を書いた。いまでは、あまりにも文献が多くて、この真似はだれにもできない。

生まれながらの園長ともいえるファゴンが一七一八年に亡くなると、監督長官にはL・ポアリエが、園長にはピエール・シラクが、それぞれ任命されたが、いずれも王の侍医であって、植物園にはあまり興味がなかった。ポアリエは一七一八年に勤めただけで終わり、監督長官は廃止された。また、園長には、植物園に専心力を尽くしたシャルル・フランソワ・システルネー・デュフェが、シラクのあとを一七三二年に継ぎ、園長の専任制はその後の慣習となった。

デュフェは著名な化学者・物理学者で、七年間の任期中、標本館の建物を修繕し、自身が集めた貴重な岩石標本をも加えて内容を充実するなど、植物園の発展に努力した。彼は一七三九年に四十一歳の若さで亡くなったが、死の数日前に後任者としてビュフォンを推薦したことは、園の将来に大きな意義をもった。一七三九年八月一日にビュフォンは三十一歳で植物園長となった。

ビュフォンは、一七〇七年九月七日、ブルゴーニュ地方のディジョンから北東六〇キロにあるモンバー Montbard の町に生まれた。高祖父は外科医、曽祖父は医師、祖父はモンバーの裁判官である。父のベンジャミン・フランソア・ルクレルクは国家官吏で塩蔵所の管理長をしていた。少し年長のアン＝クリスチーヌ・マリーヌと一七〇六年に結婚した。彼女は、その伯父からもらった莫大な持参金を夫にもたらし、その豊かな才能を息子ビュフォンに伝えたという。父はブルゴーニュ地方議会の議員の地位を買って、ディジョンの町の美しい邸宅に一家をあげて移り住んだ。七歳のときに伯母が亡くなって、七万八〇〇〇リーヴルという莫大な遺産が幼いビュフォンに遺された。この金で父は貴族の地位を得、ビュフォンという土地を得て、モンバーの城館の主となったのである。

図12　園長ビュフォン

ビュフォンはジェスイットの学校で勉強したが、特別な才能は見られなかった。ただ数学には熱中し、ニュートンの発見した二項定理を独力で思いついたという。父は、自分の得た議員の地位を継がせようとして十六歳の彼に法律を学ばせた。ビュフォンは、三年間、法律を学んで、行政官の資格審査を受け、学位論文を終えたが、それ以上は気が進まず、一七二八年から二年間、ロアール河岸の美しい城で知られるアンジェで過ごした。そこで、曽祖父のように医師になろうとし、また植物に興味をもったため、アンジェ大学の医学部に入った。この間しばしば騾馬に荷を背負わせ、友人とともに馬に乗って、各地で植物採集をしている。

一七三〇年の夏にはディジョンの家に帰り、十月初め、ジュネーヴに行って数学を勉強し、アンジェにもどった。しかし、恋愛問題か勝負事かで、ある宵のこと、ランタンの光の下でクロアチアの軍人士官と決闘し、相手が死んだので、アンジェにいられず、ナントに去った。

医学の勉強はつづけていた。そして、ナントで金持の若いキングストン公爵とその家庭教師のヒックマンと知り合い、親しい友人となった。ヒックマンはおそらくドイツ系の人だが、イギリスの王立協会会員で、自然誌、とくに昆虫学と植物学の愛好家で、ビュフォンはこの人に学ぶところが多かった。ヒックマンはパイプを絶えずくゆらしながら、自然誌について語るのだった。三人でフランス南部のボルドー、モンペリエ、ツールーズや、パリを、半年間も旅行し、遊びまわったが、この間にビュフォンがディジョンの友人に宛てた手紙を見ると、美食、科学、婦人、建物への彼の生涯の愛着がすでに現われている。

ディジョンに帰ってからも、三人でローマへ旅行した。ローマで母の訃を聞いたので、シチリア島へ行く友と別れてモンバーに帰った。一七三七年の七月から十月にかけてパリに行き、ブールデュクの家に泊った。ブールデュクは王の薬剤師で科学アカデミーの会員であり、一七二九年いらい王立植物園の化学教授だった。ちなみに、一七四三年にブールデュクを継いだのがG・F・ルエルで、このルエルに学んだのが「近代化学の父」アントワーヌ＝ロラン・ラヴォアジエ（一七四三―九四）である。

妻を失った父は、五十五歳だったが、息子から見ると若さ以外には何のとりえもないと思われる二十二歳の娘に恋して、結婚した。母親の財産はビュフォンのものとなり、父親は隠退して隣村に住んだ。父親とは、それいらい緊張した関係にあったが、一七七一年になって八十九歳の父親を引き取って世話をした。

ビュフォンの領地は広く豊かであった。領地内の林を管理するために林学を学び、また、鉄も産出するので、のちには冶金工場をつくり、これは四〇〇人の労働者を雇うほど立派なものになった。一七三四年には古城の廃墟の上に建てられていた古い家をとりこわして、遺産を残してくれた伯父夫妻の富に似つかわしい家を新築した。この間、好きな数学の勉強はつづいた。

一七三三年にパリに出たとき、科学アカデミーに、確率に関する二論文を提出し、その年の十二月、アカデミーの力学の準会員Adjoint mécanicienとなった。準会員は二流の会員とはいえ、二十六歳の若者ではブルゴーニュ公や有力者の推薦がなくてはなれなかったろう。

ニュートンはすでに亡くなっていたが、当時の若者たちはイギリスの学問・文化に惹きつけられていた。ニュートンがリンゴの落ちるのを見て万有引力の法則を発見したというエピソードは、ヴォルテール（一六九四―一七七八）がその著『哲学書簡』（別名『イギリス便り』一七三四）でその法則を解説したことによって世に広まっていた。ビュフォンも、イギリスに行った。そして、帰ると、植物生理学書として初めてのものと思われるヘールズ（一六七七―一七六一）の『植物力学』（一七二七）をフランス語に訳して、一七三五年に出版した。それは、彼自身の研究のためでもあった。彼はモンバーに苗床を設けて樹木の苗木をつくり、以後、三〇年間にわたって貧しい農夫や栽培家に苗木を供給し、また多くの林や公園に樹木を提供した。

一七三八年にもイギリスに行き、翌年、帰国した。そして、一七三六年に出版されたニュートンの『流率と無限級数の方法』をフランス語に訳して、一七四〇年に出版している。

園長ビュフォン

大臣モールパ（一七〇一―一八一）は、イギリス海軍に優る軍艦をつくるため良材を得る必要を痛感し、科学アカデミーに諮問した。船材に耐久性をもたせる手段が問われた。ビュフォンは、林業家のアンリ＝ルイ・デュアメル・デュ・モンソー（一七〇〇―八二）と共同研究をして、アカデミーに論文を提出し、モールパを満足させた。

木を切ると、断面に年輪が見られるが、その分布は、ときに片寄り、ゆがんでいる。これは、養分を吸う維管束の発達の度合いによる。平等に養分をとれば年輪は完全な同心円となる。冬の寒さは幹の生長をとめる。材の発達は温度に関係し、湿度にも関係する。したがって、その土地の気候がものをいい、また密植すれば林の湿度が高くなり、材に影響が出る、というのであった。一七三九年にもビュフォンは「材の固さ、力、維持力をます簡単な方法」という論文をアカデミーに提出している。また、材の乾燥や強化の方法も研究している。

一七三九年三月、ビュフォンは、科学アカデミーでの所属が力学の部から植物学の部に変わって、同年の五月十六日に植物学準会員となり、翌月八日にベルナール・ド・ジュシュー（一六九九―一七七七）に代ってアカデミーの年金受給者 Pensionnaire に選ばれて、正会員となった。

王立植物園長デュフェはこの年の七月十六日に亡くなったが、そのすこしまえにモールパに手紙を送り、科学アカデミーの会員のなかから適当な人物を後継者にしたい、なかでもビュフォンが適当と思う、と書いている。ビュフォンのモンバーの城・建物や森林の管理がすぐれていることや、彼の研究が評価されていたのである。デュフェは、ビュフォンと同様に鉱物に興味をもっていた。デュアメル・デュ・モンソーはデュフェと親しかったが、当時はイギリスにいた。植物園に関心の深かったモールパは、早速、会員の一人をデュフェのところに送り、後継者としてビュフォンを願うという書類にサインしてもらった。七月十六日、モールパはビュフォンを園長と決め、デュアメルを海軍総官Inspecteur général de la Marineとした。ほかに、有力候補として碩学ピエール＝ルイ・モロー・ド・モーペルテュイ（一六九八―一七五九）もいたのだった。

ビュフォンは、一七三九年、園長になると、ただちに園の拡張、標本館の充実を考えた。標本館の標本はそうとう充実していたし、絶えず増えつづけていた（図13）。ビュフォンは半世紀にわたって園長をつづけ、フランス王政の黄金時代の勢いに乗って王立植物園を躍進させ、今日の基礎を築いた。この功績は大きい。

これよりさき、ツルヌフォールは、死にさいして遺言して、生涯かけて苦心して集めた植物標本を植物園に寄贈した。これが、現在、世界一多数の標本を誇る腊葉庫の基礎となった。彼の標本は六九三六種に及ぶ。また、鉱物や貝にも興味をもっていたので、三〇〇〇種に及ぶ貝の標本も残した。

ツルヌフォールの後任者として、二十四歳の若いアントワーヌ・ド・ジュシュー（一六八六―一七五八）が園長ファゴンによって一七一〇年に任命された。アントワーヌはリヨ

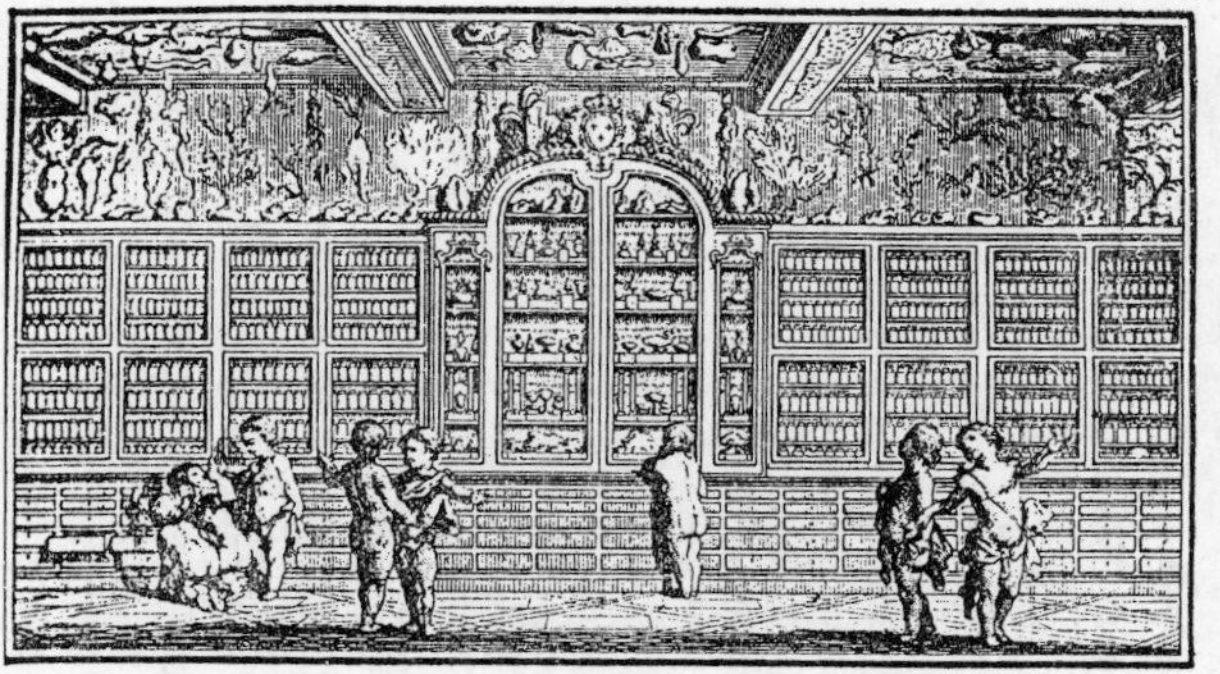

図13　王室標本館の内部（『自然誌』第3巻の挿画より）

ンの出で、ツルヌフォールの講義を聴くためにパリに来たのだが、ツルヌフォールはすでに亡くなっていた。

ファゴンは、ツルヌフォールの任命と同時にセバスチアン・ヴァイアン（一六六九―一七二二）を植物学の助講師 Sous-démonstrateur de l'extérieur des plantes に任じている。ヴァイアンは一七〇九年には薬品標本館員 Garde du Cabinet des drogues も兼ね、死ぬまで植物園に勤めた。

一七二二年にヴァイアンが死ぬと、アントワーヌ・ド・ジュシューは弟のベルナールをよんで、そのあとを継がせた。ヴァイアンの植物園に残した標本も多かった。一七三二年にベルナールは標本館員も兼ねたが、標本はまったく無秩序に集積されていたので、ビュフォンはこの整理に力を入れた。

デュフェいらいビュフォンもまたヨーロッパじゅうの学者と文通し、多数の標本の寄贈を受けた。また、ヨーロッパ以外の植民地に行った学者・伝道者・愛好者からの採集品も受け入れた。ルーヴルの王宮や科学アカデミーに贈られてきた標本の収蔵にも努めた。ルイ十五世の貴重な宝石などは現在も鉱物部に陳列されている。

一七四五年、ベルナール・ド・ジュシューは植物学に専心することになり、モンバーの生まれでビュフォン家と親しい医師ルイ＝マリー・ドーバントン（一七一六―九九）が標本館の係となった。

コーヒーと温室

ビュフォンの計画した温室はその死後に完成された。いまはこれも改造されて、「冬の庭 Jardin d'hiver」とよばれ、そのなかを楽しく歩けるようになっている。

王立植物園の最初の温室はファゴンが造ったもので、その隣りにデュフェ時代のものがあり、さらにその隣りがビュフォンの計画したものである。

一六九〇年にオランダ人ファン・ホルンはコーヒーの木をバタヴィア（ジャワ島）に植えたが、その木が、一七〇六年、アムステルダムの領事に送られ、アムステルダムの植物園に育ち、アムステルダム市行政官 Bourgmestre からその苗木がルイ十四世に贈られてきた。コーヒーの木の栽培には温室が不可欠であった。これが引き金となって、一七一四年にファゴンの温室が誕生し、コーヒーの木は育っていった。一七一七年には二倍も大きい温室が新築されたが、この実現に苦心したのはヴァイアンである。

コーヒー *Coffea arabica* L. は、アフリカのエティオピア高原原産のアカネ科の植物である。その種子を乾かして、焙煎して碾《ひ》いて、コーヒーはつくられる。

オランダ人の栽培がもととなって、ジャワ、スマトラ、フィリピンに植えられ、またフランス人の栽培がもととなって、ブラジル、中央アメリカ、西インド諸島にひろがった。中国や日本の寺で茶が普及したように、古くからアラビアの回教寺院ではコーヒーが秘薬のように飲料として用いられた。現在のパリでも、植物園とサン＝チレール街をはさんで、一九二二年から三か年をかけて建設された回教寺院に行けば、アラビア風コーヒーを手軽に飲むことができる。いまフランスの朝食は、決まってミルク入りコーヒーとパンであり、町には至るところカフェが店を出しているが、これはそれほど古くからのことではない。

一六七五年にカフェ・プロコープ Café Procope という店がアンシェンヌ・コメディ街に出現した。シチリア島のパレルモ出のプロコッピオ・デイ・コルテリが二十二歳でパリにやって来て、パリ娘と結婚して、店を出したもので、パレルモには、パリやウィーンよりも古くからコーヒー店があったのである。これがフランスでのコーヒー店の始まりである。彼の店では、コーヒーのほかにココア、リキュール、アイスクリーム、菓子、果物の砂糖漬なども客に供していた。この店は、しばらく休んでいたが、一九五二年に再開店されて、いまでは料理店として有名である。

一七二〇年ころまでにパリではカフェが三八〇店にもなった。これを利用する人は千差万別で、階級を問わず、カフェは万人のための自由な場所であった。冬でも暖房で暖かく、新聞が備えてあり、居心地よく、四スー（一スーは二〇分の一フラン）から六スーの値のコーヒーは当時としては少し贅沢かもしれないが、一日じゅういろいろな人に会って話し合いもでき、世間の噂、芝居の巧拙、小説の批評、哲学や科学から政治なども論じられた。社交の場として宮廷人・貴族・富豪にはそれまでサロンがあったが、いまやカフェという一般大衆の場が設けられ、勝手なことがいえ、人に気がねする必要がなかった。

十八世紀は啓蒙の時代である。時代を代表する書物は、ディドロ（一七一三―八四）の『百科全書』（一七五一―七二）であり、ビュフォンの『自然誌』であり、この時代にふさわしい場所はカフェであった。そこでは、イギリスやオランダで発売禁止になった本も手に入り、人びとは社会への不平をぶちまけ、世論を知るのにも最適の場所であり、フランス革命の温床ともなった。

ヴォルテールはカフェ・プロコープで議論に花を咲かせ、ディドロも、『百科全書』の執筆者と打合せをするため、毎日のようにここに通った。ディドロの妻は食費をきりつめても、夫にコーヒー代を手渡しするのを忘れなかった。

若く元気にあふれたルソーは、一七四二年、数字で音譜を記す新工夫の記譜法をたずさえて花のパリに出てきた。ディドロがルソーを知ったのは、カフェ・ド・ラ・レジャンスCafé de la Régenceだった。このカフェは静かなことが特徴で、瞑想にふけったりするのに好都合であった。将棋をやる人もあって、静けさのなかに駒を打つ音だけが聞こえた。ルソーのほかに、文学者のマルモンテル（一七二三―九九）やルサージュ（一六六八―一七四七）、グリム（一七二三―一八〇七）らが常連だった。歴史学者ジュール・ミシュレ（一七九八―一八七四）は次のように記している。

「セント・ドミニック島（ハイチ）の強いコーヒーは、ビュフォン、ディドロ、ルソーに飲まれて、その熱っぽい魂に、またプロコープの巣窟に集まった予言者の鋭い見解に、その熱を伝えた。彼らは、この黒い飲みものの奥底に（革命の）八九年の未来の光芒を見たのである。この西インド諸島から来たコーヒーは、軍人クリューの苦心の賜《たまもの》である」

ガブリエル・ド・クリュー（一六八六―一七七四）は、フランスの植民地西インド諸島アンチル諸島のマルチニック島の歩兵隊長だった。平和な島は退屈だった。オランダ人がアラビアから東インドにかけてコーヒーという貴重な木を植えて成功したということを旅人から聞いたクリュー士官は、かつて、東インドに生えるオオギバヤシがアンチル諸島にも見事に育っていたのを思い出した。この二つの土地は、たとえ離れていても、気候・土壌は似ている。コーヒーがここに育たないことがあろうか。彼はまた、フランスに帰ったとき、人びとがみなコーヒーを飲んでいるのを見た。そして、コーヒーの木がオランダから贈られて王立植物園の温室で植物学者アントワーヌ・ド・ジュシューが栽培を手がけて成功しているとも聞いた。それで、苗木をもらいに行ったが、ことわられた。しかし、なおあきらめず、王の侍医に、フランスの国のために栽培したいと頼んで、内密に苗木をもらった。

一七二三年、さわやかな五月のある日、クリュー士官はナントの港を発ってアンチル諸島に向かった。コーヒーの木を植えたガラスの小箱は、いつも甲板に出して陽光に当てておいた。あるとき、あやしげなオランダなまりの人物が、彼のいないときに小箱をあけたらしく、小枝がむしりとられていた。コーヒーの木が枯れはしないかと心配で、用心に用心を重ねたが、この密偵らしい人物はマディラ島で下船したので、やれ一安心、と思う間もなく、翌日はチュニジアの海賊船に会い、大砲がとどろき、戦いが始まった。幸い、スペイン軍艦が現われて、海賊船は去った。しかし、帆げたがこわれて落ち、コーヒーの木を入れた大切な箱のガラスがこわれた。彼は、これを丹念に補修した。太陽は照りつづけ、船に水が乏しくなり、飲料水は割り当てとなった。彼は、自分に割り当てられた飲料水を大切なコーヒーの木に注ぐのだった。船中の一同が渇きで死ぬばかりになったが、ある夜、月の光のなかに島の姿が見えた。目指すアンチル諸島だった。

こうしてコーヒーの木は、西インド諸島に栽培され、ひろがった。クリュー士官はルイ十五世にコーヒーを献呈し、群島のなかのマルチニック、次いでグアデループ Guadeloupe の「王の代理官」の称号をもらった。コーヒーの木は西インド諸島からブラジルにまでひろがった。

ビュフォンの『自然誌』

ビュフォンの『自然誌』は、くわしくは、『王の標本館での記述による一般および特殊の自然誌』という名である。この『自然誌』の最初の三巻は一七四九年に同時に出版された（図14）。

前年にはモンテスキューの『法の精神』が出版され、この年にはディドロやダランベールらの『百科全書』の出版が予告された。翌年にはルソーの出世作『学問・芸術論』が出版される。ビュフォン『自然誌』は一七四八年に出版予定を発表しているが、それは全一五巻で、最初の九巻が動物、次の三巻が植物、最後の三巻が鉱物に当てられていた。しかし執筆していくうちに内容がふえていき、彼自身で書ききれなくなった。

ビュフォンは『自然誌』の第一巻（六一二ページ）に「地球の説 La théorie de la terre」を書いた。それは『聖書』「創世記」の記事と異なるとして、出版するとすぐ、パリ大学

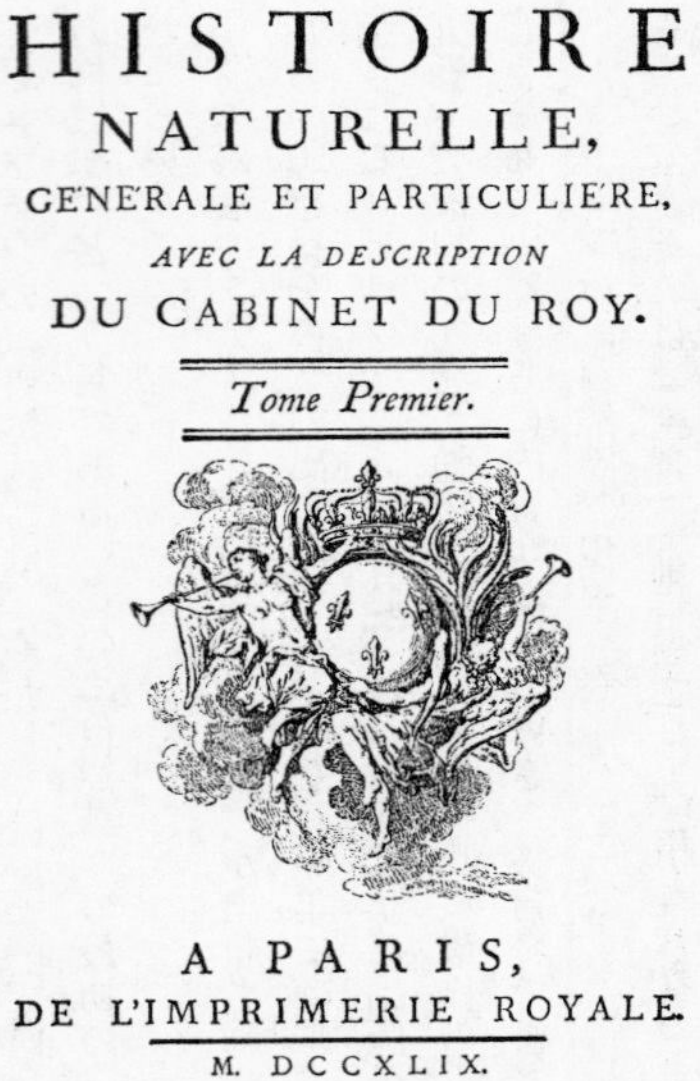

HISTOIRE

NATURELLE,

GÉNÉRALE ET PARTICULIÈRE,

AVEC LA DESCRIPTION

DU CABINET DU ROY.

Tome Premier.

A PARIS,

DE L'IMPRIMERIE ROYALE.

M. DCCXLIX.

図14 『自然誌』1749年初版のタイトル・ページ

神学部の抗議文を受けた。『自然誌』は三巻まで同時刊行なので、第四巻の初めに彼は一〇項目にわたる弁明文を載せた。そのなかで彼は、「わたしには、聖書の原典に矛盾することをいおうとするなんの意図もない」という。彼は、神について語らないでも地球の歴史が書けることを示したのである。それから三〇年たって、一七七八年に『自然誌』の補遺第五巻に「自然各期 Les époques de la nature」をふたたび同じ主題のもとに書いた。彼は自己の説をますます確信していた。

彼は地球の歴史を七期に分ける。第一期は地球と惑星の誕生である。今日の太陽よりさらに熱く、さらに稀薄な太陽の上に、一彗星がひじょうな勢いで落ちて、太陽の一部をもぎとる。そのとき飛んだ太陽の破片から惑星や地球、またそれらの衛星もつくられる。飛んだ破片は万有引力によって、それぞれの質量に応じて太陽から一定の距離を保ち、自転しつつ太陽のまわりをめぐる。惑星が地球を含めて同じ方向に自転し、同じ平面上に同じ方向に公転するのは、彗星のただ一回の衝突でできたことを意味する（図15）。

第二期で地球はしだいに冷却し表面から固まり、そのさい表面に割れ目や凹みができて、なかからガスが出てくることもある。第三期は噴出した蒸気が冷えて莫大な量の雨が生じ、地球の表面はほとんど水中に没し、表面に出ている岩石は風化する。植物がそこに生え、その枯れた植物の堆積・腐蝕で泥炭や石炭ができる。第四期は水が徐々に引いていき、噴火による火山が高い山をつくる。第五期は冷却はさらに激しく、両極地方に現われた種は暖国に移動する。第六期は大陸が分離し、地球の骨組みの空洞がくずれて、海水が低い部分に移り、大陸はしだいに離れる。動物の分布状態は大陸が移動したことを示している。第七期に人間が現われ、「科学による真の栄光」と平和による真の幸福へ向かっていく。三〇年たった「自然各期」は、「地球の説」にそうとうの修正を加えている。

第二巻は動物の一般誌（一―四二六ページ）と人間誌（四二七―六〇三ページ）を記す。前者は一〇章に分かれ、第一章に一般論、動植物の比較、第二章に生殖、第三章に栄養、第四章に繁殖、第五章に体系と解剖学、第六章に繁殖に関する実験、第七章に実験につい

図 15 『自然誌』第 1 巻「地球の説」の挿画。彗星が太陽に衝突して、太陽のかけらが惑星をつくる。この絵で神や天使を描いたが、これでも神学者の攻撃は防げなかった。

てオランダの顕微鏡学者アントニイ・ファン・レーウェンフーク（一六三二―一七二三）の考えとの比較、第八章に前章における実験への考察、第九章に動物の変異、第十章に胎児の形成について述べる。

第三巻は、王の標本館 Cabinet du Roy の記述一―二ページ、次いで人間誌に関しての記述（一―三〇四ページ）、つまり解剖学の話がつづき、人間の視覚について（三〇五―三三四ページ）、聴覚について（三三五―三五一ページ）、一般感覚について（三五二―三七〇ページ）、最後に種としての人間の変異について（三七一―五三一ページ）述べる。

第四巻は、最初に、パリ大学神学部へのビュフォンの釈明の手紙と神学部側からの回答、それについてのビュフォンの第二回目の手紙を載せている。次いで、「動物の性質について」の文ののち、哺乳動物の記述、「家畜」の記述（一―一七三ページ）があり、馬（一七四―三七六ページ）、ロバ（三七七―四三六ページ）、牛（四三七―四七三ページ）、牝牛（四七四―五〇三ページ）で終わる。

第五巻（一七五五年）は、羊（一―五八ページ）、山羊（五九―九八ページ）、豚と猪（九九―一八四ページ）、犬とその変種（一八五―三〇〇ページ）が来る。犬には二一という、それまでに比べて多数の図版がある。

第六巻（一七五六年）は、猫（三―五四ページ）につづいて、野獣一般（五五―六二ページ）の記述があり、鹿 cerf（六三―一六六ページ）、別種の鹿 daim（一六七―一九七ページ）、ノロ chevreuil（一九八―二四五ページ）、野兎 lièvre（二四六―三〇二ページ）、兎 lapin（三〇三―三四〇ページ）が記述される。

第七巻（一七五八年）は全三七八ページで、「食肉獣」の題の下に狼、狐、穴熊ほか一三種を記述する。

第八巻（一七六〇年）は全四〇二ページで、前巻の続きで一六種あり、熊（二二〇―二四八ページ）をふくむ。

第九巻（一七六一年）は、ライオン（一―五五ページ）に次いで旧大陸の動物（五六―八三ページ）、新大陸の動物（八四―九六ページ）、両大陸間に共通種（九七―一二八ページ）の記事があり、それに次いで虎（一二九―一五〇ページ）、豹（一五一―二〇〇ページ）をはじめ八種を記述する。

第十巻（一七六三年）は全三六二ページで、ジャコウネズミほか一三種を記述する。

第十一巻（一七六四年）は全四五〇ページで、象（一―一七三ページ）、犀（一七四―二一〇ページ）、ラクダ（二一一―二八三ページ）ほか三種を記述する。

第十二巻（一七六四年）は全四五一ページで、縞馬、河馬ほか一八種を記述する。

第十三巻（一七六五年）は全四四一ページで、「自然について第二の見解」が最初で、キリンほか二八種を記述する。

第十四巻（一七六六年）は猿類の命名（一―四二ページ）、オランウータンをはじめとして一六種、最後に動物の退廃degeneration(三一一―四一一ページ)の文がある。

第十五巻(一七六八年)は、尾巻ザル以下一二種の猿類をあげ、次に、本書に言及しなかったいくつかの動物についての文(一二八―二〇七ページ)がある。次に索引が三二四ページにわたっている。以上の『自然誌』の補遺は七巻出た(一七七四―八九年)。

『自然誌』最初の三巻は飛ぶように売れ、第一巻一〇〇〇部の初刷りは二週間で売り切れた。第十一巻が出たとき、出版者のデュランが死に、そのため、売残り品を一七万リーヴルで買いとらねばならなかった。これは大変な額である。ビュフォンの記事のあとにはつねにドーバントンの解剖記事がつづいていたが、その後はこれを略さねばならず、一七七〇年に出た『四足獣誌』の新版ではドーバントンの記事は削られた。このことは、ビュフォンの反対者の攻撃の的となった。グリムは、「ド・ビュフォン氏の価値は後世や外国で失われるだろう。これに反してドーバントンの名声は、失われることはないだろう」といった。

ビュフォンは『鳥類誌』に一七六五年からとりかかった。しかし彼は、このとき、領地の冶金工場の整備に精力を割かねばならなかった。それで、『鳥類誌』の大部分の記述を、夫妻で熱心に鳥学を研究していたゲノー・ド・モンテリヤール(一七二〇―八五)に頼んだ。

ゲノーは悠々としていた。彼は田舎の家で家族にとりかこまれ、ブルゴーニュのブドウ酒を味わいつつ、静かな生活を送り、パリに出ようとはしなかった。幸い、一七七六年、ゲノーがこの仕事をやめるまえに、ブクソン師がいくらかの鉱物標本を見せに、ビュフォンに会いに来た。

汚れてみすぼらしい衣服を着けたせむしの身ではあるが、表情の豊かな目をもったブクソン師は、ローレン地方の貧しいが善良な家庭に育った。彼が鳥について草稿を書き、ビュフォンはこの文に手を入れた。ロマンティックなブクソン師の文はビュフォンによって古いスタイルに変えられたという評もある。ブクソン師は、長生きすれば名士となったであろうに、胸を病んでビュフォンより四年早くこの世を去った。

『鳥類自然誌』は、第一巻が通しの第十六巻として一七七〇年に、第二巻（第十七巻）が翌年に、第三巻（第十八巻）が一七九五年にそれぞれ出版されたが、印刷形式はそれまでとは変わっている。第四巻（第十九巻）は一七九七年に、第五巻（第二十巻）は一七九八年に出た。第三巻以下はビュフォンの死後の手記による出版物である。

『鉱物誌』は、グィトン・ド・モルヴォーと地質学者のフォジャ・ド・サン＝フォン（一七四一―一八一九）の手助けで五巻本（一七八三―八八）が出版された。これらに次いで、卵生四足獣（爬虫類）と蛇類の二巻本がエチエンヌ・ド・ラセペード（一七八六―一八二五）によって出版され、魚類の五巻本（一七九八―一八〇三）が出版され、一八〇四年には鯨類（一八〇四）が出て、一応完成した。

のちに植物園の教授となったジョルジュ・キュヴィエは、「彼（ビュフォン）の最も完全なもので、つねに基本的な著書として残るものは『四足獣誌（哺乳動物誌）』である」といっている。その最初に出てくる馬の項の書き出しを、以下に訳してみる。ビュフォンはフランス・アカデミー Académie Française の会員になったときの演説の文章論で、「文は人なり Le style est l'homme même」といったが、邦訳文に責任はない。

「人間のかつての最も気高い獲得物は、戦争の辛さと戦闘の栄光を人間とともに分かちあう、堂々とした血気さかんなこの動物である。主人と同じように大胆不敵で、危険にさいして、これをものともしない。武器の響きに慣れ、冒険を好み、それを求め、人と同様、熱心で活気づく、馬はまた、人と楽しみを分かち、狩猟に、騎馬仕合に、競馬に、目を輝かせ、きらめかす。勇敢でありながら、従順で、自身の情熱に身を任せることなく、自らの動きを抑制することを知っている。馬を御する人の手のもとに動かされるのみならず、乗り手の望むところを顧慮するように見える。そして、乗り手から受けとる感じにつねに従い、速度を早めたり遅らせたり、あるいは止ったりして、乗り手を満足させるようにのみ動く。馬は、人の意志にしか存在しないもののためにも自己の存在を放棄する動物であり、人の望みを察して、気に入られるように行動することを知る動物である。自身の運動の迅速と正確によって人の望みを表現し実行する動物であり、人が望むことを感じて、人の欲することしかしない動物であり、何らの躊躇もなく、何事も拒まず、そのもつ全力を捧げ、その力を使い果たして、人に順うためには自らは死に至ることさえする動物である」

これまでが、コロンやセミコロンを使った、一つながりの文章である。

ビュフォンは、この『自然誌』で、個々の動物について、その本性・体形・習性・解剖、その動物にまつわる話を述べて、読者をうませることがない。個々の動物の記述のなかに一般的な記述があり、たとえば、馬の記述のなかに、こういう記述がある。

「自然のものは人工のものよりさらに美しい。そして生物にあっては、運動の自由の美しい本性を示す。スペイン領アメリカの地方で繁殖する馬、自由を享有して生きている馬を見よ。その歩み、その疾走、その跳躍は何のためらいも何の制限もない」

そしてこれにつづいて野生馬を記述する。

ライオンの記事の冒頭には、気候の生物に及ぼす影響について、こう書いている。

「人間の種においては、気候の影響はいささか軽い変化でしか認められない。人間はただ一種であり、他のすべての動物種とは判然と分かれている。人間はヨーロッパでは白色、アフリカでは黒色、アジアでは黄色、アメリカでは赤色である。これは、同じ人間を気候で色を分けたにすぎない。人間は地球上を支配するので、地球全体がその領土であり、その性質は地球上のあらゆる状態に適しているようである。赤道の熱気の下でも、北の氷上でも、人間は生き、繁殖する。かくも古い時代に広くひろがって、どのような特殊な気候をもとくに求めないほどである。動物は、逆に、気候の影響を最も強くうけ、より敏感な性質で知られる。それゆえ動物種は、さまざまに異なり、その本性はさまざまで、人間のそれより完成度は低く、人間のようにひろがって住んでいないのである」

ビュフォンの念願であった植物園敷地の拡大は、彼の晩年の一七八一年に達成された。それは、現在の主要敷地とほぼ同じである。

健康そのものだったビュフォンも、一七七〇年の病気で自信を失い、一七八七年には急激に弱っていった。一七八八年一月、モンバーからパリへの旅行はたいへん辛かった。四月になって、死を予感した彼は、最後に植物園を見るため、二人の下僕に支えられて、休み休み園のなかを歩んだ。小鳥の声が聞こえ、春は間近だった。

愛するネッカー夫人にみとられ、家政婦マリー・ブレソーの手を握って、四月十五日の真夜中、最後の息をひきとった。王政のたそがれ、フランス革命の前年のことであった。

植物学者のプリンス、リンネ

リンネの生いたち

カルル・フォン・リンネ（一七〇七—七八　図16）は、ビュフォンと同年に生まれた。しかし両者の思考の傾向はまったく異なり、相似るところがなかった。リンネはパリを一度しか訪れていないが、そのときは、ビュフォンが園長になる一年まえ、両者はたがいに会うことはなかった。パリの王立植物園のヴァイアンは、リンネに決定的な影響を与えていたが、リンネのパリ訪問のときにはすでに亡くなっていた。リンネは、その訪問によって、ベルナール・ド・ジュシューに大きな影響を与えることになる。

リンネの父はニルス・インゲマルソン（一六七四—一七四八）で、この名は祖父インゲマルの息子という意味である。先祖はスウェーデンの南部スモーランド Småland で農業をしたり、牧師であったりした。スモーランド人はエネルギーに富み、粘り強いというが、リンネの性格はその典型的なものである。

父は近くのヴェクシェ Växjö の学校に行き、次いで従兄弟のティリアンデルとともにルンドの大学に学んだ。大学に登録するさいにリネウスを名のったそうである。

図16　カルル・フォン・リンネ
(J. H. シェフェル・1739画)

彼の一族の住むところにセイヨウボダイジュ *Tilia cordata* (Miller, lime tree, tilleul, Lindenbaum) の大木があった。その小枝をとってもその人に不幸が降りかかり、また三つの主な枝の一つが枯れるとそれに相当する家族は死に絶えるといわれて、大切にされてきた。リネウス（ラテン読みではリンネウス）、ティリアンデル（男 man の意味）、リンデウリスの家族名はこの木に由来するのである。このセイヨウボダイジュは種子で容易に繁殖し、美しい葉を繁らせて大木となる。香りのよい花はフランスでは乾燥しておいてよく煎じて飲む。この木の下で、村の相談事や裁判がなされた。シューベルトの歌曲『菩提樹』や、むかしのベルリンの主要路「ウンテル・デン・リンデン」の名が思い出される。ライプツィヒという都市の名もLipsk（Linde）の語から出たという。

主人公のリンネは、のちにみずからをフォン・リンネ von Linné とよんだが、これは、学問上の功績により貴族に叙せられたためである。一七五七年四月四日に王立アカデミーからその旨内示があり、一七六一年十一月に決定し、さらに上院で一七六二年承認されたため、フォンがつくこととなった。一七六二年までの彼は、つねに、自分の名を「リネウス」といっている。

リンネの父はルンド大学を出て、デンマークの私教師となり、やがてスウェーデン南部地方スコーネ Skåne で私教師となった。一七〇三年の夏、ステンブロフルト Stenbrohult の教区の教区牧師ブロデルソニウス Samuel Brodersonius から説教師の許可を得、スモーランドのクロンベリ Kronberg に赴任し、間もなく聖職叙任式を受けて、数週間後には教区の副牧師となった。一七〇六年三月六日、教区牧師の長女クリスチナ Christina Brodersonia と結婚した。この若い夫妻はロースフルト Råshult の公館に移り、そこで一七〇七年五月十三日に長男、われわれの主人公リンネが生まれた。生まれた日が二十三日ともいわれるのは新しい暦制度のためである。古い暦制度は一七一二年に終わった。

乳呑児は二十九日に洗礼を受け、カルルと名づけられた。いまも生家(図17)は保存されていて、家の裏には高い石碑が立っており、それにはリンネ胸像の円板と、「Carl von Linné, born in Råshult, den 23 Maj 1707」と刻んだ銅版がはめこまれている。

一七〇九年に祖父も母方の祖父ブロデルソニウスも亡くなった。リンネの父は、しばら

図 17　ロースフルトのリンネの生家（A. C. ヴェテルリンク画）

くして牧師の資格の許可証を得て、ステンブロフルトの教区の牧師となった。

リンネ一家は、一七〇九年六月三十一日、ロースフルトからごく近いステンブロフルトの教会の牧師館に移った。ここはモケレン Möcklen 湖に面し、いまもリンネ時代と変わらない静けさにつつまれている。位置こそ少し違ってはいるが、教会が建ち、庭にはリンネ像がある。ここで、のちに父の牧師職をついだ彼の弟サムエル（一七一八—九七）と三人の妹が生まれた。母はてきぱきと積極的に仕事をし、家事に巧みであったばかりでなく、やさしく慈悲深い人で、高い教養をもっていた。

この地方は、スウェーデンのなかでも植物の豊富なところである。デンマークに面したマルメ Malmö から鉄道に乗って畑のなかを行くと、このあたりからにわかに森林になる。リンネの父は花好きで、牧師館の庭をひろげ、暇さえあれば草花に親しんでいた。また親類にも、ドイツまで行って園芸を学んだティリアンダーという熱心家がいた。こういう血筋を承《う》けてか、リンネは、幼いころから、どんなにむずかっているときでも花を持たせれば静かになったという。

四歳のとき、付近の湖畔にピクニックに連れていかれたリンネは、植物の名を父から教わった。このときから彼は、植物名をしだいにおぼえていった。

七歳のとき、ヴェクシェの寄宿学校に行った。ここはステンブロフルトから直線距離で五〇キロのところにある。スモーランドの中心都市であるここには、いまもリンネのいた寄宿学校の建物がある。近くの樹木豊かな広い公園の一隅には、リンネの像のほか、リンネの分類体系によって植えた分類花壇がある。わたしが訪れた一九七八年には、リンネ二百年祭を記念して公園前の図書館でリンネの図書を特別陳列していた。

リンネは、ここの学校に一七一九年から二四年までいた。父は彼を靴屋にしようと考えたらしい。経済的に考えても、手に職をもつのがよいと考えていたのだろう。幸い、校長の医者ロートマンはリンネの才能を知っていて、父を説いて、医師にすることをすすめた。

一七二七年、リンネはルンド大学に入学した。いまは工業の発展した隣りのマルメ市に隠されてしまうかのように見えるが、ルンドは古い歴史をもつ大学都市である。静かな町で、図書館の横にリンネ像がある。大学の植物学教室も植物園のなかにある。

リンネはここの大学で医学を学んだ。植物学教授キリアン・ストベウスはリンネを自分の息子のように愛し、自分の豊富な図書を自由に見せた。ストベウスは自分の患者を診察するときもリンネを助手としてつかい、実地の医学を教えた。当時は臨床医学という特別な分野はなかったから、リンネのこの体験は、のちのウプサラ大学では得られなかっただけに、貴重なものであった。

リンネは、一七二八年、ロートマンの薦めで、僅かな金をもってウプサラ大学に移ることになった。ウプサラ大学は一四七七年に創立されたスウェーデン最古の最も重要な大学である。当時の医学部は二人の教授と二人の助手からなり、第一の教授は治療法・養生法・外科・薬学を担当し、第二の教授は物理・化学・解剖学・病理学・植物学を担当していた。当時のメンバーはラルス・ローベリ教授（一六六四—一七四二）とオロフ・ルドベック二世教授（一六六〇—一七四〇）で、ローベリ教授は、病院建設等の多くの困難に忙殺されていて、リンネが学生のときは講義はほとんどなかった。ルドベック二世の父のルドベック一世（一六三〇—一七〇二）はリンパ系の発見者として知られ、二〇〇人を容れる解剖学教室をつくり、植物園を創立した人である。自分の息子を助手にして、数千の木版植物図を入れて全植物を記述した『この世の楽園』の出版を計画したが、一七〇二年のウプサラ大火でその原稿・原画を焼失してしまい、印刷された二巻を残すのみとなった。その数か月後に彼は失意のうちに亡くなった。

ルドベック一世はまた古代学にこって、『アトランティカン』（一六七五—八九）という書を著わし、プラトンのいうアトランティスはスウェーデンであり、その首都はウプサラであったと論じた。一六九〇年に来日したエンゲルベルト・ケンペル（一六五一―一七一六）の先生でもある。

ルドベック二世は若いときから植物に熱中して、各地を旅してまわり、とくにスウェーデンの北地ラプランドの自然物を調査し、くわしい日記も書いた。しかしこれも、前述の大火で焼失し、彼の興味は植物学から言語学に移ってしまった。そのためか、リンネが学生のときにはルドベック二世教授の植物学の講義は一度もなかった。その助手のローセンが代って講義していたが、彼も海外出張中だった。こういうわけでリンネは、主として図書館で学んでいた。

リンネの乏しい金は厳しい冬を前にして尽きようとしていた。しかし、幸運が訪れた。よい友と師との出会いである。

ウプサラ大学で最もすぐれた学生としてペール・アルテディ（一七〇五―三五）の名はリンネもたびたび耳にしていた。アルテディは、父の死で、故郷オンゲルマンランドAngermanlandに帰っていたが、一七二九年五月、ふたたび大学にやって来た。その瘦せて、長い黒髪の風貌は、イギリスの植物学者ジョン・レイ（一六二七―一七〇五）にそっくりだった。控えめで、議論に慎重だが、同時に機敏で、確信にみち、円熟した意見を述べるのだった。二人はたちまち意気投合し、終生変わらぬ友となった。アルテディは、リンネ同様、貧しい家に生まれ、神学を学んだが、自然誌研究に転じていた。初めは化学が興味の中心だったが、自然誌に造詣が深く、二人で研究を分担することにした。アルテディのほうが両生類・爬虫類・魚類、リンネのほうが鳥類・昆虫類を受け持ち、哺乳類・鉱物は両人の共通問題とした。植物は、アルテディの望む散形花群 Umbelliferae を除いて、リンネの担当となった。もし二人のうち一人が死ねば、生き残ったほうがその仕事を世に出す義務があると約束した。

この六年後、アルテディは暗夜にアムステルダムの運河に過って落ちて死に、リンネは約束の義務を果たすこととなった。

リンネはよい師につくことになった。ウプサラ聖堂の長で神学教授のオロフ・セルシウス（一六七〇―一七五六）である。天文学者で有名な寒暖計の発明者アンデルス・セルシウスの伯父に当たり、当時、ウプサラ大学学長だった。彼は植物学の愛好家でもあった。

ある日、手入れもほとんどされないまま荒れ果てた植物園で植物を見ていたリンネのところに、服装でそれとわかる聖職者の老人がやって来て、何を見ているのか、という。どこで植物の名前を知り、どこで植物学を学んだのか、どこから来たのか、ウプサラに来てどのくらいになるのかと、矢つぎ早に質問した。それから、あれこれの植物を指して、その名を尋ねだしたので、リンネが、ツルヌフォールの分類体系によって答え、どのくらい植物を採集して標本にしたかときくので、六〇〇以上の野生の植物を集めたというと、老人は、自分について来いと、その家までリンネを連れていった。それで初めて学長とわかった。

オロフ・セルシウス教授は、ルンド大学のときのストベウス教授と同じく、貧しい服装で飢えているリンネに部屋を与え、朝夕の食事にテーブルをともにし、自分の豊富な図書室を彼に開放した。

セルシウスは、『聖書』に出てくる植物について『聖書植物考』という本と、ウプサラを中心とする「ウプランド地方の植物誌 Flora Upplandica」を書いていたので、リンネはこれを手助けした。セルシウスのおかげで、医学部での奨学金を王から受けることもできた。

植物の雌雄

セバスチアン・ヴァイアンは一六六九年に、パリの北西三三キロにあるポントワーズに近いヴィニイ Vigny の農家に生まれた。幼いときから植物が好きだった。十一歳のとき、ポントワーズにある教会のオルガン奏者となった。

医業を病院で学び、一六八八年にルーアンの南一八キロのエヴロー Evreux で臨床外科医となり、一六九〇年には外科軍医としてルイ十四世のアウグスブルグの戦いに参加した。二年後に軍医をやめ、パリに出て、病院 Hôtel-Dieu に勤務しながら、植物学の講義を聴

SERMO
DE STRUCTURA
FLORUM,
HORUM DIFFERENTIA, USUQUE PARTIUM EOS CONSTITUENTIUM,
Habitus in ipſis auſpiciis Demonſtrationis publicae Stirpium in Horto Regio Pariſino, X°. Junii 1717.
ET
CONSTITUTIO
Trium novorum generum
PLANTARUM,
ARALIASTRI,
SHERARDIAE,
BOERHAAVIAE.
Cum deſcriptione duarum PLANTARUM *novarum generi poſtremo inſcriptarum,*
Per
SEBASTIANUM VAILLANT,
Demonſtratorem Plantarum Horti Regii Pariſienſis.

LUGDUNI BATAVORUM,
Apud PETRUM VANDER .Aa,
Bibliopolam, Academiæque nt & Urbis Typographum Ordinarium.
MDCCXXVIII.

図18　ヴァイアン『花の構造』ラテン語版のタイトル・ページ

くため、朝の六時には王立植物園に出向いた。その熱心さはツルヌフォールの認めるところとなった。間もなくド・ヴァロア師の秘書となり、園長ファゴンを知る機会を得て、その秘書となり、自身は蘚苔類を研究した。

一七〇八年、ヴァイアンはファゴンの仕事の一部を継いで植物学助講師 Sous-démonstrateur de l'extérieur des plantes となり、その死までその任にあった。一七〇九年には薬品標本館員 Garde du Cabinet des drogues も兼ねた。彼はまた、温室と半円形講堂の設立にたずさわったり、ピョートル大帝が植物園を訪れたときは出迎えに当たったりしている。よく整備されたヴァイアンの植物標本は、園の標本の重要な基礎の一つとなった。

ヴァイアンは、一七一七年、植物学の講義を始めるにあたり、「植物における性の存在、その決定的な様式について」と題して、植物の生殖現象を述べたが、これはツルヌフォールとまったく異なった見解だった。この講義をのちにまとめた『花の構造、その構成部分の相違と役割』(一七二八)は、見開きの右と左のページにラテン語とフランス語で交互に書かれている(図18)。このヴァイアンの植物の性についての解説が、リンネに大きな影響を与えることになる。

動物の性や生殖は早くから知られていたが、植物に性があることは長いあいだわからなかった。植物に果実や種子ができるのは精妙な液が入るからで、花弁の役目は、ツルヌフォールによれば、その液をつくる場所であった。それまでは花弁は、果実や種子を保護するものであった。ときに植物の雌雄がいわれても、それは、似た種についてであって、日本の例でクロマツを「雄松」、アカマツを「雌松」とする類である。また雌雄のしべをともにもつ雌雄両全花のものでも個体の形で雌雄を無理して分け、イネ、オオムギ、コムギ、キビ、アワ、モロコシ、ダイズ、アズキ、ゴマについても、またサトイモ、サツマイモ、コンニャクまでも男女を区別しているものがある。そのような例は西欧にもある。

真の雌雄が知られていた最も古い記録は、チグリス・ユーフラテスの河岸に繁茂するナツメヤシ *Phoenix dactylifera* である。このヤシには雌木と雄木があり、雄の花序をとって花粉を雌の花にふりかけると稔りの多いことが、太古の経験から知られていた。前七〇〇年に活躍した農民出のギリシアの詩人ヘシオドスはこれに言及し、プリニウスも、『自然誌』にこのことについて記している。

植物の雌雄を確かめたのは、ルドルフ・ヤーコプ・カメラリウス（一六六五—一七二一）で、彼は、受粉しないと結実しないということを実験で証明した。雌のクワノキは、付近に雄の木がなくても果実はなるが、種子は不稔となることを観察した。またヤマアイ*Mercurialis*の一種で種子を結ぶ株、つまり雌の株のみを鉢にとって室内に置くと、やがて花が咲き、実もなったように見えたが、果被は乾いてきても、成熟した種子ができなかった。彼は、一六九四年、『植物の性についての文書』を発表して、雌雄異株のものばかりでなく、ヒマとかトウモロコシといった雌雄同株の植物も多く取り扱い、もし雄の花序をそれが開くまえに取り去っておくと結実しないこと、またトウモロコシの毛、つまり子房につく長い花柱と柱頭を取り去っておくと、結実しないことを明らかにした。

イタリアのマルチェッロ・マルピーギ（一六二八—九四）とともに、顕微鏡的観察によって植物解剖学を創始したイギリスのネヘミアー・グルー（一六四一—一七一二）は、その『植物解剖学事始』（一六八二）のなかで、雄しべを「衣裳 attire」とよび、これは花が提供する「虫たちの寝室と食堂」であるといい、雄しべは人間にとっては花の美しさをますためにあり、これは二次的な意味づけであるが、第一次的な意味は不明であるといった。

サー・トマス・ミリントンが、「雄しべは雄の器官だ」というと、グルーは、「わたしもそう思う」と、すぐに応じているので、グルー自身も、うすうすこのことを知っていたようである。ただし、グルーの解釈はときに混乱し、はっきりしていない。グルーにとって花粉は、昆虫のためにあった。わたしたち人間にはリンゴやナシやモモがあるのだから、昆虫に花粉が供せられるのは当然とした。ジョン・レイもグルーの考えを支持し、雄しべを雄の器官としたが、はっきりしなかった。

獣や人間の精虫Animalcule（現在は精子Spermatozoa）はレーウェンフークとその学生によって顕微鏡を用いて発見され、『王立協会誌』に一六七七年に発表された。この精虫が胎内で大きく育って子供ができると考えられ、精虫に小さな体が圧縮されて入っていると思われた。この考え方は、形はすでに精虫のなかに出来上がっているという意味で、「前成説」といわれた。アリストテレスは、雌雄の精液が交りあい、雌の精液は子をつくる物質であり、雄の精液にはそれを形づくる形成力があると考えたので、これは「後成説」とよばれる。精液を顕微鏡で見た人がそこに精虫を発見すると、前成説のほうが有力となった。

ところがレーウェンフークとも親しい医師のレニエ・ド・グラーフ（一六四一―一七三）が、卵巣のなかに卵子を発見した（一六七二）。これは、じつは卵子（卵細胞）ではなく、卵子を入れた卵胞（グラーフ胞）であることがのちにわかり、真の卵子発見者は、発生学の父カルル・エルンスト・フォン・ベア（一七九二―一八七六）であるが、グラーフの発見で、小さな体が卵子に入っているという説を唱える人が出てきて、前成説をとる人も精子（精虫）派と卵子派とに分かれた。

ビュフォンは後成説をとった。ビュフォンによれば、生物体はふつうの物質とは異なった有機分子 Molécule organique からなる。雌雄より出た精液はともに有機分子からなり、それが集まって子を生じる、とする。これは、古くはギリシアの哲人エピクロスの原子論に由来する。原子論によれば、アトム（原子）の集団が精液であり、両性の精液が交りあい子ができるので、子は両親に似るのである。

モーペルテュイはこの原子論の考えをもち、人体各部から出た粒子が集まって精液となり、男女の精液は交りあうが、粒子はそれぞれ記憶（スーヴニール）をもち、もと出た場所の記憶によって、もとの定まった位置を占めるので、子は親に似るのであり、父母のどちらから出た粒子が多く集まったかによって、子のある部分は父に似、他の部分は母に似る。もし記憶喪失した粒子があって、集まる場所を間違えると、奇形を生じるという。

ビュフォンがジョン・T・ニーダム（一七一三—八一）の自然発生説を支持して、ラッツァロ・スパランツァーニ（一七二九—九九）の考えに賛成しないのは、有機分子説の立場だからである。ビュフォンの考えでは、生物は、死ぬと、生体を構成している多数の有機分子がばらばらになるが、有機分子そのものはこわれず、それはまた植物に吸われて植物体に入り、動物が植物を食べれば、有機分子は栄養として動物の体内に入る。もしもばらばらになっていた有機分子が何かの原因でどこか適当な環境に集まってくれば、簡単な生物は自然に誕生するという自然発生説が成り立つのだった。自然発生説の徹底的な否定はパスツールを待たねばならなかった。

エチエンヌ＝フランソア・ジョフロア（一六七二—一七三一）は、パリの富裕な薬店に生まれ、モンペリエで薬学・化学・植物学を学び、さらにイギリス、オランダ、イタリアに留学して、医師となった。彼はファゴンを継いで一七一二年に王立植物園の植物学講師および化学・薬学教授 Démonstrateur de l'intérieur des plantes et professeur en chimie et pharmacie au Jardin du Roi になり、またツルヌフォールを継いでコレージュ・ド・フランスの教授となり、一七二六年にはパリ大学医学部理事になった。彼は精子派の学者で、自製の顕微鏡で花粉を観察し、花粉は種により定まった特有の形をとることを見、二〇種の花粉の図も作成している。彼が一七一一年にアカデミーに提出した「最も重要な花部の構造と役割についての報告」には、花粉が子房（雌しべ）の上に落ちねば種子の稔らないことが述べられているが、この研究はヴァイアンに影響を与えたに相違ない。

ヴァイアンは、その『花の構造、その構成部分の相違と役割』で、こういう。

「植物を特徴づける部分のなかで、花とよばれるものこそ最もその真髄をなすものである。というのは当然のことなので、すべての植物学者がいくぶん混乱した考えをわたしたちにもたせないため、とくにこの点に関して述べておこう。なぜかといえば、ここに記すことばは、植物学ではいくらか新しく見えるからである。わたしが述べる文章のなかのこれらの植物用語は、古い用語よりも便利で、はるかによく理解できると信じる。花は、極言すれば、植物の異なった性を構成する器官として以外に考えるべきではない……。

植物の異なった性を構成する器官は、主として二つからなる。雄しべと子房である。雄しべをわたしは男性器官とよび、『基礎植物学』の高名な著者（ツルヌフォールを指す）はこの部分を植物のなかで最も悪く卑しい器官とみなした。ところが植物の雄しべは、じつは最も高貴なもので、動物では種の繁栄に役立つものに相当するのである。それは、わたしはあえていうが、袋 teste と尾 queue から構成されている。それは一般のことばでいえば、葯 sommet（頂上の意）と花糸 filet（糸）である」

ヴァイアンによれば、花粉は、ツルヌフォールのいったように植物の廃棄物やほこりではなく、動物の精子に相当するものである。そして、精子派が動物の精子に将来の動物が小さくたたみこまれていると考えるように、花粉には将来の植物、つまり胚が入っている。この花粉を入れる雄しべは、繁殖に最も大切な器官であると思われた。

花の結婚と二四綱

ヴァイアンのこの本は一七二八年に出版されたが、その紹介がすぐ『ライプツィヒ学術協会報』に出た。リンネは、それを読んで、大きな衝撃を受けたことであろう。

リンネがアルテディと親友になったのは一七二九年の春だが、そのときリンネは、アルテディに、雄しべによる植物の分類という考えを話したと思われる。それでアルテディは、散形花類を残して植物分類をリンネに任せたのだと考えられる。アルテディが散形花類にこだわったのは、わたしの想像では、イギリスのロバート・モリソン(一六二〇—八三)の『散形花植物新分類』(一六七二)を知っていて、これによって論文をまとめようと考えていたからではなかろうか。

そのころウプサラ大学の図書館に勤めるゲオルク・ワリンが「木の結婚について De Nuptiis arborum」という論文を書くというので、同じ興味をもつ学生を求めていた。しかしリンネは、これには関係せず、論文「植物の婚礼序章 Praeludia sponsaliorum plantarum」(図19)をスウェーデン語で書いた。当時、新年の祝いに学生が詩を教授に贈る風習があったが、彼はその代りにこれをオロフ・セルシウス教授のテーブルの上に置いた。それは次のように始まる。

「春に輝く太陽が地平線に昇ると、寒い冬のあいだじゅう息をひそめていたすべての生きとし生けるものは目をさます。冬の重苦しい沈黙の生活ののち、すべての創られた生きものが元気になり、鳥という鳥が、長い沈黙の冬ののち歌い囀り、虫という虫が、冬のあいだじゅう半ば死んだように息をひそめていた隠れ家から出てくる。そこですべての草は、冬のあいだは枯れ果てていたが、新しい生活をはじめ、樹々はふたたび緑をとりかえす。そうだ、人もまた生まれかわったようだ。

プリニウスは的を射ていう。『太陽ほど役立つものはない Sole nihil utilius』この太陽は、すべての物に、いいようもない生命の喜びを与える。ライチョウやヤマシギが恋のしぐさの羽根をひろげ、すべての動物が求愛のときとなる。『春至れば、ものみな真に生気に溢れ、時を違わず花開く。なべて世は愛の歓喜にゆらめき燃え立つ Omnia vere vigent et veris tempore florent et totus fervet veneris dulcedine mundus』

そうだ、愛は植物にもひろがり、その雄花と雌花とに達し、両性花ですら彼らの婚礼を祝う。それについてわたしはここに物語り、植物のどれが生殖器か、どれが雄で、どれが雌か、どれが雌雄両性かを示そう。……

花の葉（花弁）は生殖に関係しない。それは、かくも美しい帳《とばり》で飾り、かくも甘い香りをくゆらし、たかくも美しく、偉大な神が準備した婚礼の床である。ここは、夫が高まる荘重さで婚礼をとりおこなうところだ。新床が準備されたら、夫は可愛ゆい花嫁を抱き、彼女に贈物を捧げるときなのだ。わたしはいおう。どんなように葯 testicle（ふぐり）が開いて花粉を柱頭 stigma（われめ）に注ぎ、子房 ovary（子宮）を受胎さすかが、いまや理解できた、と」

これにつづいて、葯を取り除けば果実は稔らないことを述べ、ナツメヤシの歴史や、カメラリウス、マルピーギ、グルー、そしてヴァイアンについて語っている。

一七三〇年の元旦に机の上に置かれたこのリンネの手記を読んだセルシウス教授は、それをすぐにルドベック二世教授に見せた。当時、リンネは、セルシウスの世話で植物園の園丁として金を得ていたが、ルドベックはこれをやめさせ、毎春、植物園でおこなう植物の実物教育を彼に任せることにした。この年の五月四日がその最初だった。リンネの人気で多くの学生が集まった。

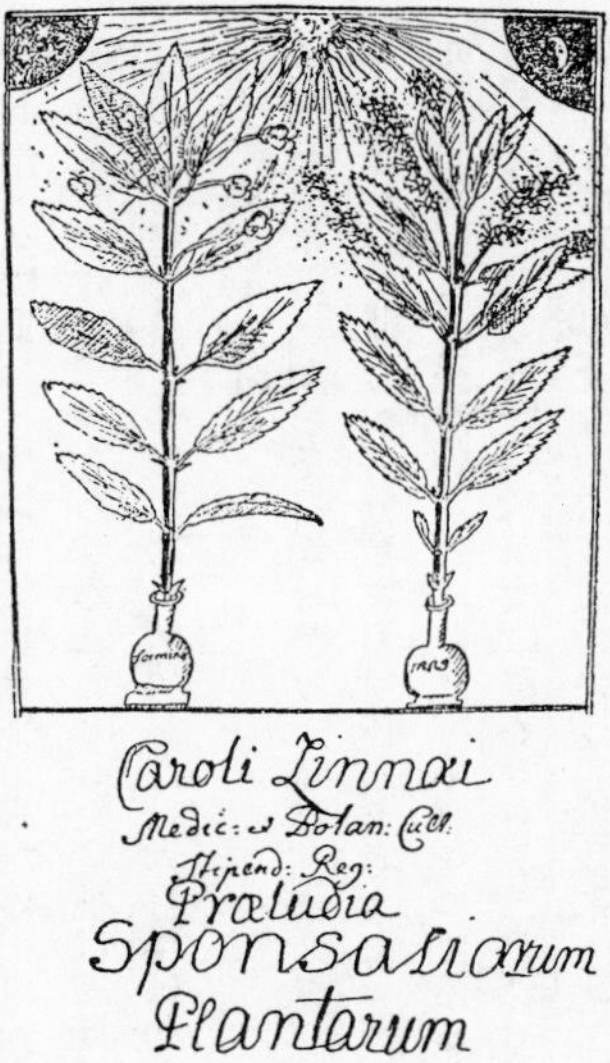

図 19 「植物の婚礼序章」のリンネによる扉絵と署名。ヤマアイ属 *Mercurialis* の一種。雌雄異株の植物で、左の鉢が foemina（雌）、右が mas（雄）の株。

ルドベックはまた、リンネに金を与えるため、自分の家に住み込ませ、家庭教師として三人の息子の教育に当たらせることとした。彼は三度結婚し、子供が二四人もいた。また自分の図書室をリンネのために開放した。六月半ばからリンネはセルシウスの家からルドベックの家に移った。

一七三〇年の秋から冬にかけてリンネは、ツルヌフォールの体系にあきたらず、それに代って雄しべ・雌しべで分類する新体系を考えた（図20）。

花粉のなかに子孫がいるとすると、それをつくる雄しべの性質が最も重要な形質であり、これを受けて育てる雌しべが次に重要である。それで、雄しべの形質で綱を分け、雌しべで目を分ける雌《し》雄蕊《ゆうずい》分類法、彼のいう「性体系 Systema sexualis」の骨組みはこのころできたのであろう。それは表2のようなものである。これは一七三五年になって『自然の体系』（第一版）として初めて提示され、刊行された。

綱 Classis を目 Ordo に細分する例として、五雄蕊綱の分類を表3にあげる。

一七五九年のこと、ペテルブルグのロシア帝国アカデミーは一〇〇デュカの賞金（英貨約五〇ポンド）で植物の性について懸賞論文を募集した。予期されたように、リンネはこれに応じて論文を書き、一七六〇年九月六日、その賞金を獲得した。これは、ペテルブルグで一七六〇年に『植物の性』として出されたが、のちのリンネの『学術論文集』にも「植物の性への探求 Disquisitio de sexis plantarum」と題して言及されている。

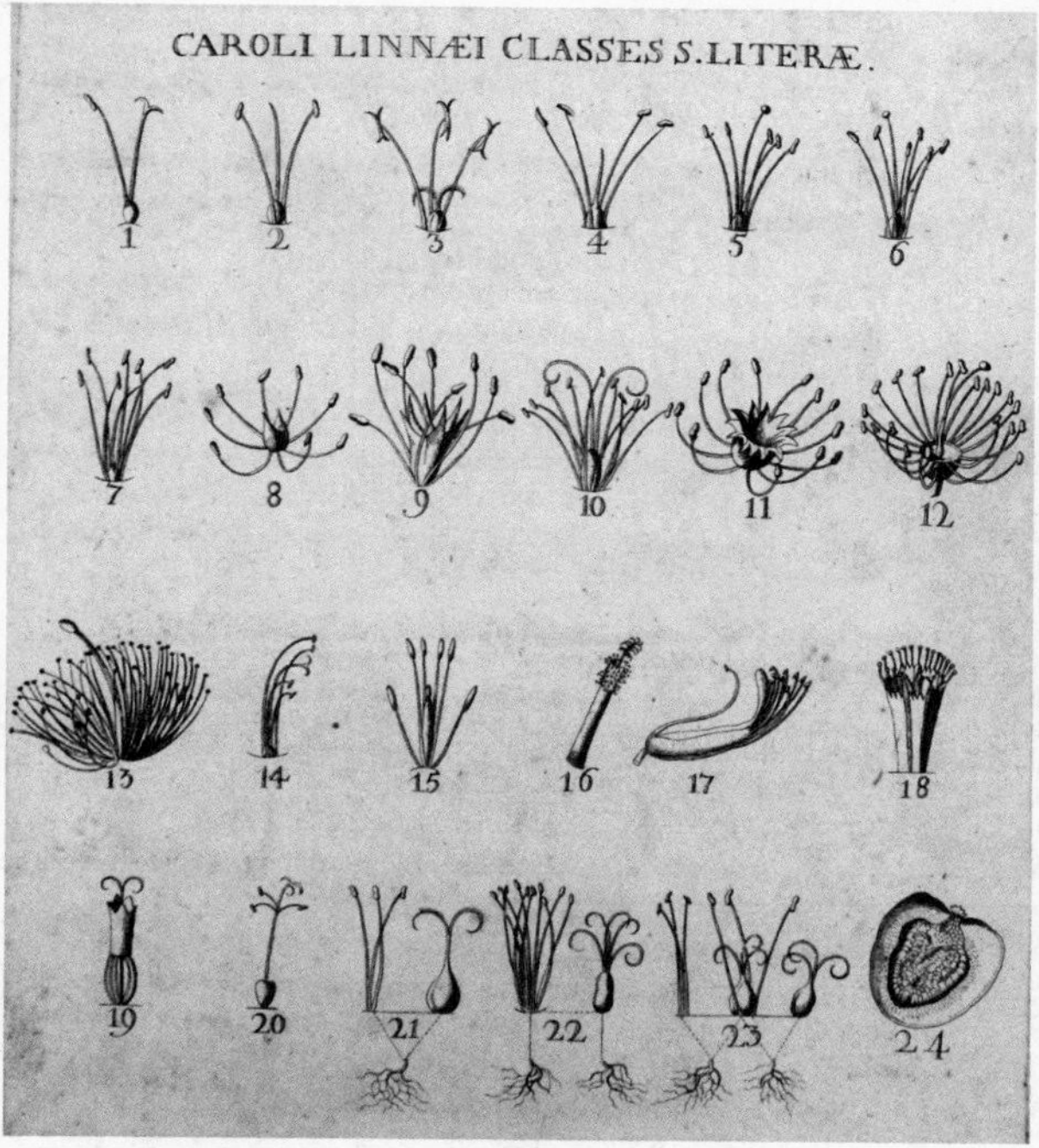

図 20　リンネの雌雄蕊分類による 24 綱

					例
雄しべ数	1	第1綱	Monondria	一雄しべ綱	カンナ
	2	2	Diandria	二雄しべ綱	イヌノフグリ
	3	3	Triandria	三雄しべ綱	アヤメ
	4	4	Tetrandria	四雄しべ綱	ヤエムグラ
	5	5	Pentandria	五雄しべ綱	アサガオ
	6	6	Hexandria	六雄しべ綱	ヤマユリ
	7	7	Heptandria	七雄しべ綱	トチノキ
	8	8	Octandria	八雄しべ綱	イヌタデ
	9	9	Enneandria	九雄しべ綱	クスノキ
	10	10	Decandria	十雄しべ綱	カタバミ
	12	11	Dodecandria	十二雄しべ綱	スベリヒユ
萼上に	20	12	Icosndria	二十雄しべ綱	モモ
花軸上に	20-100	13	Polyandria	多雄しべ綱	ウマノアシガタ
二強雄しべ(4雄しべで)		14	Didynamia	二強雄しべ綱	ハッカ
四強雄しべ(6雄しべで)		15	Tetradynamia	四強雄しべ綱	アブラナ
一束雄しべ		16	Monadelphia	単束雄しべ綱	アオイ
二束雄しべ		17	Diadelphia	二束雄しべ綱	エンドウ
多束雄しべ		18	Polyadelphia	多束雄しべ綱	オトギリソウ
集葯雄しべ		19	Syngenesia	集葯雄しべ綱	キク
雄しべは雌しべと合着		20	Gynandria	雌雄合しべ綱	シュンラン
雌雄花同株		21	Monoecia	雌雄同株綱	カボチャ
雌雄花異株		22	Dioecia	雌雄異株綱	ネコヤナギ
雌雄花同株または異株 同時に両全花をもつ		23	Polygamia	雌雄雑性綱	ヤマモミジ
雄しべ数	0	24	Cryptogamia*	隠花植物綱	

表2　リンネの植物分類体系（24綱）『植物哲学』では、これを羊歯目・蘚苔目・藻目・菌目に分けているが、『自然の体系』第一版では、「花は果実のなかに閉じ込められるか、ほとんど見えない」として、イチジクのようなものを考えていた。

Classis V Pentandria 五雄しべ綱	
目　名	属名の例
単一雌しべ目 Monogynia	*Primula* サクラソウ
	Convolvulus アサガオ
	Campanula キキョウ
二分雌しべ目 Digynia	*Ulmus* ニレ
	Gentiana リンドウ
	Daucus ニンジン
三分雌しべ目 Trigynia	*Rhus* ウルシ
	Viburnum ガマズミ
	Sambucus ニワトコ
四分雌しべ目 Tetragynia	*Parnassia* ウメバチソウ（これのみ）
五分雌しべ目 Pentagynia	*Linum* アマ
	Drosera モウセンゴケ
	Crassura ベンケイソウなど

表3　リンネの五雄蕊綱の分類

一七三二年、ウプサラの王立科学協会は、ラプランドの自然調査を計画した。リンネはこれに応じて、その年の五月一日、ウプサラを出発し、十月に帰った。

この旅行で彼は鉱物にもひじょうに興味をもつようになり、一七三四年にはウプサラから直線距離で北西一三キロばかりのファルン Falum にたびたび行った。そして、その地の医師ジャン・モレウスの十八歳の娘サラ・リザを知り、婚約したが、博士号をとることが結婚の条件だった。

それでリンネは、一七三五年、多くの医師にならい、オランダのハルダーワイクでヤーン・デ・ホルテル（一六八九—一七六二）教授のもとに論文を出して博士号をとるために、ライデンに行った。著名な医師で植物学者のヤーン・グロノヴィウスに会い、持参した『自然の体系』の草稿を見せると、感心して、出版を世話してくれたうえ、尊敬するヘルマン・ブールハーフェ（一六六一—一七三八）教授を紹介してくれた。リンネはブールハーフェにも気にいられ、その弟子のヤーン・ブールマン（一七〇六—七九）教授に会うようすすめられた。アムステルダム植物園長ブールマン教授も彼の実力をただちに認め、邸に宿泊させ、図書室を自由に見せてくれた。

この年の八月十三日、リンネは、ブールハーフェの紹介で東インド会社総裁のジョージ・クリフォードを知り、この富豪のハルテカンプ Hartecamp の自慢の植物園を訪れて、ここで仕事をすることを頼まれ、そこから一七三六年にイギリスにも旅行することを援助された。

リンネの草稿はオランダ滞在中に多くの人の後援で整備のうえ出版された。

一七三五年、『自然の体系』第一版は全一二ページのみで、第十版（一七五八）、第十二版（一七六六―六八）、第十二版の動物部門は一三二七ページ。

一七三六年、『植物学基礎論』

一七三六年、『植物学文献』

一七三七年、『植物属誌』第一版は九三五属、最終の六版（一七六四）は一二三九属。

一七三七年、『クリフォード植物園誌』

一七三七年、『ラプランド紀行』

一七三七年、『ラプランド植物誌』

一七三八年、『植物学論』

一七三八年、『植物綱誌』

一七三八年、リンネは、オランダからフランスとドイツを通って故郷に帰ることにした。

ブールハーフェは病の床に伏していた。リンネは、とくに許されて会った。

リンネはアントワープからブリュッセル、モンス、ヴァランシェンヌ、カンブレーを通ってパリに行き、王立植物園を訪れた。彼の尊敬するツルヌフォールもヴァイアンもすでにこの世を去っていた。植物園長デュフェは彼をアカデミーの通信会員とし、フランス国籍をとれば年金を支給されるアカデミー会員とすることを申し出たが、リンネはことわった。植物学の教授アントワーヌ・ド・ジュシューは忙しかったので、リンネは、その弟のベルナール・ド・ジュシューと親交した。その出会いの場所は植物園の温室であったという。

講師 Démonstrateur として、ベルナールは温室で学生たちに植物を教示していた。ある植物を示して原産地をいおうとして、その名がとっさに出てこなかった。

「その植物はアメリカ産のものですね」と、ラテン語でいう声が後ろからした。

ふりかえってベルナールは、

「そういうあなたは、リンネさんですね」といった。

二人の交友はこのときから始まり、ベルナールはパリ市内を案内し、ともにヴェルサイユに行ったり、フォンテンブローに遊んだりした。

ベルナールは、リンネの確立した雌雄蕊分類体系よりも、全植物を六五群に分けるリンネ私案を記した『植物綱誌』のなかの「自然分類断片」に心をひかれた。ベルナール自身はついに体系をつくることはなかった。

リンネのパリ植物園の訪問は、ビュフォンが園長になる一年まえで、リンネはビュフォンに会う機会はなかった。リンネは徹底した体系家であり、ビュフォンは体系を嫌った。生物に体系を与えることにビュフォンは反対し、明らさまに名をあげてはいわないが、リンネの体系はツルヌフォールの体系に劣ると考え、植物園の分類花壇である植物学校では、のちのちまでもツルヌフォールの体系によって植物は配列されていた。アントワーヌ・ド・ジュシューも、ツルヌフォールの果実・種子を結ぶ原因に関する考えは誤りとしたが、植物体系を変える必要は認めなかった。

リンネの功績の一つは植物の分類体系の確立であるが、動物の体系のほうはそれほど画期的なものではなかった。もう一つの功績は種の確立であるが、種についての考え方もビュフォンとはまったく異なった。

ビュフォンにとって種は実在しなかった。イヌは実在せず、現実にいるのは、家にいる太郎であり、隣りのジョンであり、魚屋のポチである。人間がこれをまとめて「イヌ」とよび、その種とする。つまり、イデアとしてのイヌは、プラトンによれば、天界に存在し、永遠不滅で、その影が地上の個々のイヌなのであり、アリストテレスによれば、天上界にイデアのイヌはなく、地上の個々のイヌのなかにイデアのイヌが存在し、個々のイヌは死滅するが、イヌはイヌを生むので、イデアのイヌは永遠であるとしたが、ビュフォンによれば、イデアのイヌは、イヌのなかになく、人間の頭のなかに理念としてある。すなわち、人間が個々の動物を見て似たものをイヌという理念としてとらえるのである。だから、考えようによっては、ロバはウマの変質したものとして、彼には理解できたのである。

これに対してリンネは、種の実在を主張する。

「神によって初めに創られたさまざまの種を、われわれは数える」(『植物哲学』)

たとえていえば、コムギは神が創り、一粒のコムギが死ぬときには多くの種子を結び、これは地に落ちて多数のコムギとなり、現在、世界に栽培されている莫大な個体となったのであって、コムギの種は実在するのである。種の進化を頭から教え込まれている現代人は、リンネの考えを笑うことができるだろうか。種の確立なくして進化は考えられないのである。種の概念は、むかしからはっきりしたものではなかった。種の概念がはっきりしたのはリンネによる、といっても過言ではない。もちろん、ウマとウシをごっちゃにする人はいなかったし、むかしから薬草をとる人は、似た植物でも薬効はぜんぜん異なるものもあることを知っていたから、種の判別はしっかりしていた。しかし一般の人には種がはっきりしなかった点は、西欧も日本も同じだった。

ツルヌフォールの『基礎植物学』は属を判然とさせたが、種についてはそれほどでなく、ガスパール・ボーアンや従来の学者の植物名をその属する属に入れ込んだのだった。

リンネは、一つの生物の種を一つの名でよぶことを定め、それを「正名 Legitimate

name」とし、他の名を「異名 Synonym」とした。その名をよぶのにラテン語を用い、それをその属する属名と「限定することば Epithet」で種名を表わす。限定する語は一般には形容詞である。この二つの語でよぶ二命名法はきわめて自然である。わたしたちの名は姓名の二字でよばれるので便利なので、一字でも三字でも面倒なことだろう。植物の名にしても、「アカマツ」「クロマツ」「ゴヨウマツ」「ハイマツ」とよぶのは便利で、マツ属 *Pinus* に属する限定語はこの後に来る。

日本にはスミレ属 *Viola* は約五〇種あるが、全世界では四五〇種にもなる。スミレ属で、ただ「スミレ」とよぶスミレ *Viola mandshurica* のほかに二、三あげれば、タチツボスミレ *Viola grypoceras*、エイザンスミレ *Viola eizanensis* などはスミレの種であり、花の構造は一定だが、形はいろいろ異なる。リンネの『植物種誌』(一七五三)ではスミレ属に一九種をあげる。たとえば、ニオイスミレ *V. odorata*、サンシキスミレ *V. tricolor*、キバナノコマノツメ *V. biflora*、オウシュウスミレ *V. palustris* などがある。

元来、リンネのつけた植物名は記述であり、定義であり、二命名法はこれを簡単化した「小名 Nomen trivialis」なのであった。たとえば、小名の次に正名を記すと、

Viola palustris: *Viola acaulis, foliis reniformibus* (無茎、腎形葉のスミレ)

Viola odorata: *Viola acaulis, foliis cordatis, stolonibus reptantibus* (無茎、心形葉、地を

はう走茎をもつスミレ）

Viola caule triquestro diffuso, foliis oblongis incicis. stipulis dentatis（三角稜で叢生の茎、長楕円形、切れこみある葉、歯牙縁の托葉あるスミレ）

というぐあいである。この長いほうの名がリンネの正名なのだが、名を引用するときは、ときに種についている番号などでよばれたが、小名でよぶことが最も簡単であり、リンネもしだいにこれを用いるようになった。それで現在、この小名を「学名」という。これは、ひじょうに便利なものである。新しい種が見つかって、特定の属に入れるため、その定義のうえで、いままで知られた種の定義、種の記述を、それと比較して、変えたい場合が起こりうる。そのときに、もし長い名のほうが変わり、これが種名だとすると、一度つけた種名を変えることになってしまう。

一つの生物に一つの名がつねに定まっていることが大切なのである。最も古くからある二命名の名を正しい学名としたい。すると、ボーアンのものなどがたくさん出てくるし、どこまでさかのぼれるか、またいつ新しく名が見つかるか、そこに難しい問題がある。そこで、一九〇五年、ウィーンでおこなわれた第三回国際植物学会議で、植物の種名はリンネの『植物種誌』初版（一七五三）から、属名はそれに最も近い年号の『植物属誌』第五版（一七五四）から始めることにした。動物については、小名が整備された『自然の体系』

第十版(一七五八)を動物の学名の始まりとし、その後は先取権を認めることが、国際動物学会議で決まった。

クリフォードからもらった旅費も尽きたのでリンネは、ドイツで最も著名な植物学者アルブレヒト・フォン・ハラー(一七〇八―七七)を訪ねるのもあきらめて、船でスウェーデンに帰り、久しく待たせていたリサと、一七三九年六月十七日に結婚した。ストックホルムで開業したが、一七四〇年五月、ルドベックが死ぬと、一七四一年五月五日、ウプサラ大学教授となり、十月、妻子を連れてウプサラに出て、ここで一生を過ごした。

一七五八年、ウプサラから一〇キロ南のハマビイ Hammaby に土地を買い家を建て、息子のカルルに教授職を譲り、一七六四年に隠退して、静かに暮らした。

教授になってからの著作は次のとおりである。

一七四五年、『スウェーデン植物誌』第一版一一四〇種、第二版一七五五種。
一七四六年、『スウェーデン動物誌』
一七四七年、『セイロン植物誌』ヘルマンの採集名による。
一七四八年、『ウプサラ植物園誌』
一七四九年、『薬剤誌』
一七四九年、『学術論文集』第一巻(一七四九)、第二巻(一七五二)、第三巻(一七五六)、第四巻（一七六〇）、第五巻（一七六〇）、第六巻（一七六四）、第七巻（一七六九）。
一七五一年、『植物哲学』
一七五三年、『植物種誌』約七三〇〇種を含む。二版（一七六二―六三）。
一七六三年、『病気属誌』
一七六七年、『植物補遺』
一七七一年、『植物補遺第二巻』

リンネにとってすべての自然物は、人間への奉仕のために創造され、人間が創造主の仕事を研究して神の栄光をあらわすためにあるのであった。彼はいう。

「最も小さな水生の虫は、それは、このために多数いるのだが、さらに大きな虫によって食べられ、またそれらは魚や水鳥の胃を満たさねばならないし、さらに魚や水鳥は人の食料となり、またわたしたちに寒冷の厳しさに耐えるよう柔かな暖かい褥《しとね》の羽根を与えるために存在する」

一七七八年一月十日の朝八時、七十歳のリンネは静かに死を迎えた。ウプサラ聖堂に墓がある。聖堂に入った左側に胸像の丸い青銅メダルがはめこめられており、その壁面には、「カルル・フォン・リンネ　植物学者のプリンス、彼の友人と弟子より　一七九八」と記されている。

ジャン・ジャック・ルソーの植物学

ルソーとビュフォン

十八世紀は啓蒙の時代である。この時代の自然誌の分野を代表するのはリンネの『自然の体系』『植物種誌』であり、ビュフォンの『自然誌』である。リンネとビュフォンの自然誌研究の方法と思想は対照的だが、ともに専門外の人びとに植物や動物への興味をわかせた。ジャン・ジャック・ルソー（一七一二―七八）に思想の火花を与えたのはビュフォンであり、傷ついたルソーの心に慰めを与えたのはリンネであるから、ビュフォン、リンネに次いでルソーを述べることはきわめて自然のようにわたしには思われる。

ルソーが生まれたのは一七一二年六月二十八日、レマン湖のほとり、ジュネーヴのグラン街四〇番地だった。生まれて九日目に母を失い、時計職人の父はある退役軍人と争いを起こして、ルソーが十歳のとき家を出て、リヨンに行き、四年後に再婚したので、ルソーはひとり残された。幼い彼は、アヌシーのヴァランス夫人を頼ることになり、夫人を母代りにしたのであった。

若いルソーの興味は音楽にあり、一旗あげるつもりで、「音譜の新しい記号に関する提案」という論文を携えてパリに出てきた。一七四二年、二十九歳のときである。当時の科学アカデミーの会員で「十八世紀のプリニウス」といわれるルネ・アントワーヌ・ド・レオミュル（一六八三―一七五七）の紹介で、三月二十二日にルソーはこの論文をアカデミーで朗読した。やがてそれが出版されて、少しは名を知られるようになった。

当時は、有名夫人のサロンで文学・芸術・科学などが盛んに論じられていたが、なかでもデュパン夫人のサロンは有名で、アカデミー常任幹事フォントネル、ルソーがのちにその著書のなかでとりあげるシャルル・カステル・サン＝ピエール師、ヴォルテール、そして王立植物園長になったばかりのビュフォンなど、一流の学者が集まっていた。

ビュフォンは一七四一年九月に彼の故郷ブルゴーニュ地方の議会の長老に対し、ディジョンのアカデミーの受賞者に報酬とメダルを与えることを提唱していた。翌年の秋、ルソーは、デュパン夫人のサロンでビュフォンに初めて会ったが、やがてそのメダルをルソーが得て、一躍、有名になろうとは、二人にとって思いもかけないことであった。

そのころ民衆のあいだではカフェがしだいに交際の場所となって、ルソーもここで『百科全書』のディドロやダランベールと知合いになった。ディドロはラングルの腕ききの刃物師の息子、ルソーは時計師の息子で、年齢もほとんど同じだったので、二人はすっかり仲良くなり、ルソーは、『百科全書』の「音楽」の項をディドロに頼まれた。

一七四九年、ディドロは『盲人書簡』を匿名で発表し、その無神論が咎められて郊外ヴァンセンヌの古城に軟禁されたが、三十七歳のルソーは、城のディドロを訪ねに出かけ、その途中、手にした雑誌『メルキュール・ド・フランス』の十月号の記事でディジョンのアカデミーが「学問・芸術の復興は風俗を浄化したか」という題で懸賞論文を募集しているのを見た。

このとき彼は、突然、インスピレーションを受け、目がくらみ、身も心も名状しがたい興奮状態となって、木蔭に半刻も坐りこんでしまった。彼は獄で会ったディドロに考えを話し、いろいろと示唆を与えられ、励まされた。

ルソーの論文は、一七四九年から翌年の四月の間に書き上げられ、ディジョンのアカデミーに提出され、一七五〇年七月、当選が知らされた。三十八歳のときである。これがその後の運命を決定した。この論文の結論は、生まれつき善良である人間が、学問・芸術の発達した社会生活によって魂は堕落し、腐敗させられるというのである。これは『学問・芸術論』として発刊され（一七五〇）、彼の名を世に高めた。

ビュフォンの城のあるモンバーはディジョンの近くであり、ビュフォンはもともとディジョンにいたこともあるので、そのアカデミーは縁の深いところである。ルソーが応募した論文について意見を求められたビュフォンは、その文体・論旨の独自性を見て、「ためらいなさるな。これこそ賞に値する作品だ」といったというが、このときビュフォンは、アカデミーとは直接の関係はなく、また会員でもなかったから、これは伝説かもしれない。もっとも、彼の親友たちがディジョンで活躍していたから、ビュフォンに意見を求めることもありうる。

ルソーが『学問・芸術論』の執筆を思いたち、ディドロを訪ねたとき、ちょうどその年に出版されたビュフォンの『自然誌』のことをディドロから聞かされていた。獄中でこれを読んだディドロは、克明にノートをとっていたから、これについてルソーに詳しく話したに相違ない。

図 21　ルソー没後二百年（1978）につくられたメダル

ビュフォンの『自然誌』の影響が、『学問・芸術論』に見られるかどうかは問題だが、その後の著作、とくに『人間不平等起源論』には、明らかに現れていると思う。ビュフォンの『自然誌』第二巻は、「人間」の記事にあてられ、ビュフォンの筆によって初めて原始の人間の生活が描写されているのである。これはルソーの自然人の考えと無関係ではない。

一七五三年にディジョンのアカデミーはふたたび懸賞論文を募集した。それは、「人びとのあいだにある不平等の起源は何であるか、また自然法によって是認されるものか」という題であった。ルソーはひとり森に入りこみ、原始時代の自然人がしだいに過失と不幸と罪悪の道をたどっていったことを想いながら、ついに彼は、かすかな声で叫んだ。「絶えず自然に不満をもっている馬鹿者どもよ、おまえたちのいっさいの害悪は自身から出ていることを知らないのか」

この論文は一七五四年に書き終わり、一七五五年に『人間不平等起源論』として出版された。一七五九年にはモンモランシイのモン・ルイ Mont Louis にある庭園内の小さな家で『新エロイーズ』『社会契約論』『エミール』を書き終えた。『新エロイーズ』はヨーロッパでベストセラーとなり、一八〇〇年までに七九版を重ねた。一方、『エミール』は宗教界に大問題を捲き起こして、当のルソーは逃げまわらなければならなくなった。

一七六二年六月二日、ルソーの逮捕状が出た。彼はただちに馬車に乗って、パリを離れた。ポンタリエからジュラ山脈を越え、ヌーシャテル湖の南端のイヴェルドンに着いたのは六月十四日であった。そこには、パリでの古くからの友人ダニエル・ロガンがいた。しかし、期待した故郷のジュネーヴでも、パリ同様に逮捕状が出ているのみならず、ベルヌ市の政治地区に入るイヴェルドンにまで追放の命令が来ていた。ロガンの姪のジュリアン＝マリ・ボイ・ド・ラ・ツール夫人（一七一五―八〇）がイヴェルドンに滞在していて、その長男の持ち家がプロシア領ヌーシャテル市に付属するモチエ Môtiers にあり、空家だったので、そこへ行くことに決まり、ロガンとともに徒歩で山越えをして、七月十日に到着、一七六五年九月八日までここで生活することになったのである。

ルソーは、パリの本屋で数学者のパンクゥクを通じて、ビュフォンが自分のことを心配しているのを知り、感動した。ルソーはパンクゥクに手紙で、「ビュフォンとのおたがいの友情は確かなもので、それを育てるために手紙のやりとりをする必要もありません」と書き、直接、ビュフォンに便りを出すことをしなかったが、何かと世話をしてくれるヌーシャテルの富裕な商人ピエール＝アレクサンドル・デュ・ペールゥに頼んで、「ヴォルテールとの和解をビュフォンがすすめていることに対しては、次のように答えて欲しい」と書いている。

「ビュフォン氏は、わたしの血に飢えているこの虎（ヴォルテール）をなだめることをお望みでしょうが、虎というものの怒りを和《やわ》らげたり、なだめたりすることは、絶対にできないことをご存じのはずです。もしわたしがヴォルテールの前に身をかがめたとしても、彼は勝利を得たと思うばかりでなく、喉にかみついて、わたしを殺しかねません」

ルソーは、一週間後にふたたび手紙を書いて、『山からの手紙』がジュネーヴで焼かれたが、これにはヴォルテールが宗教裁判所判事役として一枚加わっていることをいって、自分としてはヴォルテールの憎悪をつのらすことは何もしていないことをビュフォンによく説明してくれるよう、頼んでいる。

パリの神学校から抗議されたことのあるビュフォンは、数か月後にルソーがモチエにもいることができず、ヌーシャテル湖につづくビエンヌ湖の中央にあるサン・ピエール島に逃れたことを知って、ふたたびペンをとり、皮肉まじりに「わたしは、あなた方の牧師たちがわたしたちのほうの司祭よりも、はるかに不寛容だと知って、憂えています」と書き、さらに、「わたしたちは、あなたを愛し、称賛し、心からあなたのことを案じています」と結んでいる。

のちに一七七〇年にルソーがフランスへもどり、パリへ帰る途中、ビュフォンに会いにモンバーに立ち寄ったことは、いかにルソーがビュフォンに感謝していたかを物語る。ビュフォンは、一年のうちの半分は植物園の仕事でパリに暮らし、残りの半分はモンバーの自分の城の離れの書斎にこもって、『自然誌』を書きつづけていたが、ルソーが訪ねたときビュフォンは留守であった。ルソーはビュフォンの書斎の敷居に身をかがめて接吻したという。ルソーは、当時の名士とはことごとく仲違いしたのに、ビュフォンに対してはつねに尊敬の念をいだいていた。

現在、ヌーシャテルから汽車はすぐに湖を離れ、ジュラ山脈の間の谷Val de Traversを走り、二時間ばかりして谷の中心地にあるモチエの駅に着く。ルソーの住んだ当時とおそらく変わらぬ寒村で、駅のすぐそばでは牛が首につけた鈴を鳴らしながら草を食んでいる。見知らぬ東洋の旅人にも、村の少女は礼をして通って行った。

駅から真っ直の道を五分も歩くと、ルソーがかつて住んだ家があった。いまは小さなルソー博物館で、「十四時から十七時まで開館、入場無料」と記されているが、扉には鍵がかかっている。階下は木工場となっていて、ろくろを廻している管理人を呼ばなければならなかった。ルソーの部屋は外から階段を昇った二階の部屋で、一〇畳ぐらいの暖炉のある居間があり、左手にはルソー夫人のための小部屋、居間の奥にはこれまた一〇畳ぐらいの書斎があった（図22）。ここの静かな生活でルソーは植物学を学びはじめた。

モチエに生まれたジャン゠アントワーヌ・ディヴェルノア（一七〇三―六五）はリンネより四歳年上で、バーゼルやモンペリエで学んだのち、ヌーシャテルで医業を営む植物愛好家だった。またラ・フェリエール La Ferrière には医師アブラアム・ガーニュバン博士がいたし、ビエンヌ（ビール）にはフレデリク゠サロモン・ショル博士がいた。ガーニュバンはすぐれた植物学者で、この地方の植物ならどんなものでも一目で種名をいい当てた。

図22　モチエのルソーの家　二階のルソーの部屋は、現在、ルソー博物館になっている。

ヌーシャテルには、植物好きのこの市の名士デュ・ペールゥがいて、ルソーを何かにつけて援助した。これらの植物を知る人たち、とくにディヴェルノアによってリンネの分類法を知ったことは、ルソーにとって幸運だった。いらいリンネは、ルソーの「守護神」となった。ルソーはまた、これらの仲間と植物採集をあちこちでおこない、植物の名をならい、冬には採集品をリンネ『自然の体系』と引き合わせて勉強した。残念なことに、一七六三年、ディヴェルノアは病気になり、激痛のなかで回復の見込みもなかった。一七六四年冬になって容態が急変し、翌年、春を待たずに亡くなってしまい、ルソーを深い悲しみのなかに残した。

ジュネーヴの検事総長トロンシャンは

匿名で「野からの手紙」の一文を発表し、ルソーを攻撃したが、ルソーはこの挑戦を受けて、『山からの手紙』を書いて、一七六四年十月に発表した。この書物はジュネーヴでただちに禁書となり、パリで焼かれた。宗教や政治に対して見解を述べ、市民に呼びかけたこの書物を契機に、彼の住む平和なモチエの村にも圧迫の手が伸びてきた。牧師の煽動があったためか、ある真夜中、彼の家に石が投げ込まれた。ルソーは、知人のすすめでモチエを去ることにし、一七六五年九月十一日にサン・ピエール島に着いた。

前年の夏、デュ・ペールゥと植物採集に来たルソーは、この島がすっかり気に入っていた。ここは、湖の東南二五キロばかりのところのベルヌ市の所有地で、島にはただ一軒のベルヌの施療院に属する大きな建物があるが、そこは空家になっていて、管理人夫妻と傭人一人しか住んでいなかった。そこの二階の数室が彼の住居となった。ベルヌ市の管理だから、当然、ルソーを容れない場所だが、この無人島にも等しいところにとどまっているのなら問題はないという諒解が、人を介して得られていた。

ルソーはサン・ピエール島にこもり、世間に別れて平穏に暮らす計画を立てた。彼の目的は、ここで植物と親しみ、島じゅうの植物を調査して、『サン・ピエール島植物誌』を書くことにあった。彼は、毎日、リンネの書を持って島じゅうを歩きまわった。

「植物学は、みだりに想像を起こさせず、つれづれの退屈をしのぎ、閑散の隙間を満たすには、適当に呑気な研究の対象だった。わたしは絶えず植物学のことを考えていたし、これがこの上もない道楽にもなっていた」

彼は『告白』にそう記している。また、晩年の著書『孤独な散歩者の夢想』の「第五の散歩」の記事は、この湖上の島での楽しい生活を記した名文であり、島の自然、島での生活への愛着ぶりがわかる。

パリではヴォルテールがルソーの迫害に加担しているという噂がひろまった。ダランベールはヴォルテールに手紙を出し、「ルソーの友人たちが当地(パリ)でひろめている噂によれば、あなたがルソーを迫害しており、ベルヌからもヌーシャテルからも彼を追放させるよう働きかけておられるというのです。わたしはそんなことはまったくないことだと確信しておりますが」と書いている。もちろん、ヴォルテールがこのような迫害を直接したわけではなかった。しかし、筆ではルソーへの攻撃をやめず、それはルソーの私生活にも及んだ。

ベルヌ市会がルソーをサン・ピエール島からも追い出したのは、たぶんヴォルテールのせいではなく、皮肉にも、リンネの尊敬する植物学者で解剖学者アルブレヒト・フォン・ハラーであったろう。彼は、科学者で哲学者のシャルル・ボネ(一七二〇―九三)から、ルソーを批難するジュネーヴの情報を得ていた。

ベルヌに生まれたハラーは、ドイツに招かれて、一七三六年、ゲッティンゲン大学教授となり、その地にいまも残る植物園をつくり、学会を創立し、多くの業績を残した。リンネは、ドイツではこのハラーにはぜひ会いたいとしていた。一七五三年、故郷ベルヌに帰り、市会議員に選ばれ、市の決定に力があった。ベルヌのアルプス博物館には、アルプスの美の発見者としてハラーとルソーの写真が並んでいる。自然の美、高山の美を唱えることで、ハラーはルソーに先んじていた。ハラーの若いときの詩は詩集として出版されているが、アルプスの讃美の詩に満ちている。

当時、自由思想は高まり、無神論が力を得ていた。ハラーは、それに対して、キリスト教擁護のパンフレットを出した。彼はまったく保守的な新教徒で、ユーモア・寛容に欠けていて、権威に反対する者への憤りは激しかった。彼がルソーの書物に怒ったのは明らかであった。ハラーやボネがルソーと会って、たがいに植物やリンネの話でもしたならばと、残念に思われる。もしこういうことがあれば、ハラーの心も和らいだことだろう。サン・ピエール島の静かな生活も二か月足らずで終りとなる。一七六五年十月二十一日にベルヌ市の退去命令が出たのである。

哲学者デーヴィド・ヒューム（一七一一―七六）とともに、一七六六年一月十三日にルソーはロンドンに着いた。三月から約一年間、ウットン Wootton に住んで、イギリスでも植物好きのポートランド公爵夫人を知ったことは幸いだった。彼女はイギリスの植物をよく知っていたし、ルソーにイギリスの植物の本を贈った。ルソーが帰国してからも文通し、植物標本や植物書を送ってくれたのである。一七六七年にルソーは、彼の支持者のヒュームと絶交して、イギリスを去った。パリ高等法院のルソー逮捕状はまだ効力をもっていたが、彼は、ミラボー伯、コンチ大公の保護で変名してパリにいた。錯乱状態ともいうべき精神状態にあるときも、ルソーの植物学への興味は失われなかった。フランス各地を採集して歩き、パリに帰り住みついた。

パリへ帰った翌一七七一年にルソーは九月二十一日付でリンネ宛に手紙を書いている。

「あなたの弟子のうちではたいへん無学な者ですが、たいへん熱心な弟子からのご挨拶をお受けとりください。好意と親愛の仮面のうちに、地獄にもないような激しい憎悪を覆いかくしているだけに、いっそう残酷な責め苦にあっているなかで、わたしが、多くの場合、やっと心の平静を保っておりますのは、ほとんどすべてあなたの書かれたもののおかげと思っております。自然とあなたとの二つで、ただそれのみで、田舎の散策に心地よい時を過ごしております。そして、道徳についてのあらゆる書物よりも、あなたの『植物哲学』から、よりほんものの恩恵を受けているものです。わたしは、あなたにまったく知られていないわけではないこと、またあなたのいくつかの著作をわたしに与えてくださることになったことを、喜んでいます。

それらの作品がわたしの楽しい読書になること、この喜びが、あなたの書物のおかげで、ますます生き生きとしたものとなっていることを知っていただけたら、と思います。わたしは、むかし、子供のとき、果実や種子をすこしばかり集めて楽しんだことがあります。もしあなたのこの種の宝のなかに、いくらかのいらないものを見出され、それでだれかを楽しくさせようと思われるなら、わたしのことをお考えください。わたしがあなたに捧げることのできるただ一つのお返しは、感謝のしるしを述べる心のみですが、それはあなたにはつまらないことでしょうか。

さようなら。どうか自然の書を人間のために開き、自然の語るところをわたしたちにこれからも知らせてください。わたしとしましては、あなたに従って植物界の書物のなかにいくらかのことばを判読することで満足なのです。わたしは、あなたの書を読み、あなたに学び、あなたのことばについて考え、あなたに栄光を見、そしてわたしは全身をもってあなたを敬愛するものです」

ルソーにとって最も尊敬する人物はリンネであり、彼の生涯の恩人であった。リンネの前にひざまずきたいと、他の人への手紙でも彼はいっている。

ルソーは、一七七〇年六月十四日、フランス国内の旅行からパリに帰り、パレ・ロワイヤルに近いプラトリエール街（のちのルソー街）に住み、静かに質素に暮らした。この年に『告白』を完成した。そのなかの彼の思い出には、ヴァランス夫人が大きな位置を占めている。十六歳のとき夫人に会っていらい三十歳でそのもとを去るまで、一時は旅に出ても、つねに夫人のもとに帰っていた。夫人の相談役のクロード・アネが一七四一年に亡くなるまで、三人の生活は比較的落ち着いていた。

この時代、ルソーは、植物を学ぶ機会はあったが、興味を示さず、もっぱら音楽を学んでいた。アネは、薬草にくわしく、植物を採ってきては、それで夫人のために薬を調製した。アネは、ルソーを植物採集にひっぱり出そうとした。

「もし一度でも彼について行ったなら、植物学はわたしをとりこにしただろう。おそらく大植物学者になったろう。なぜなら、わたしにとって植物の研究ほど性に合ったものを知らないのである」とルソーはいう。

当時の人が植物に興味を示すのは、それを薬とするためであった。それゆえ植物学を勉強するのは、まだ医者か薬学者であった。薬用植物と一般の植物とを何ら区別せずにリンネが植物の本を著わしたことは、むしろ注目に値することだった。のちに、ルソーが植物に熱中して採集していると、人が薬草をさがしていると思い、「何に効きますか」などとたずねるのに、彼は腹を立てた。ルソーは、薬のためにのみ採集することを極度に軽蔑し、植物を愛好するためにのみ植物を採集して観察するのだった。

有名人となり、迫害される身になって、スイスの山や湖で学んだ植物学は、一七七〇年にパリにもどってからも、彼の生き甲斐であった。

一時は植物書や標本を手放すこともあったが、ふたたび、いままでよりも熱心に植物の研究をはじめ、パリの植物園や近郊の森、ムードン、モンモランシイ、ヴァンセンヌ、ブーローニュ、サンクルー公園などを、ときにはひとりで、あるときは植物園のベルナール・ド・ジュシューやその若い甥ロランと、ルソーの保護者であり植物愛好家であるクレチアン＝ギヨーム・ド・ラモワニヨン・ド・マルゼルブ（一七二一―一九四）やその仲間と、またベルナルダン・ド・サン・ピエール（一七三七―一八一四）らと植物を採集し、夜にはその採集品を押し葉とした。彼のつくった腊葉標本はあちこちに残っている。パリの植物園にも、彼の作製した標本が台紙に貼付されて綴じてあり、いまも大切に保存されている。現在、この宝物を見るには、教授の許可がいる。

ルソーの晩年を、わたしたちが知ることができるのは、ベルナルダン・ド・サン・ピエールのおかげである。彼はル・アーヴル Le Havre で生まれ、十二歳でマルチニックに旅し、一七五八年に技師となったが、理想的共和国をつくるという夢をいだいて、一七六一年から五年間、ヨーロッパ各地をまわり、また一七六八年から二年間、インド洋にあるモーリス島に滞在した。そしてフランスに帰って、まだ無名作家であった彼は、ルソーに会った。彼にはルソーと相通じるものがあった。性情の繊細さ、自然への愛である。のちに『自然研究』を出版、その第四巻が有名な「ポールとヴィルジニィ」（一七八八）である。現在、国立自然誌博物館の事務所の近くに彼の銅像が建っていて、その台座にはポールとヴィルジニィも像となっている。サン・ピエールは、一七九二年から一年間、王立植物園長を務め、最後の王任命園長 Intendant だった。

一七七一年、サン・ピエールはルソーを訪ね、晩年の最も親しい友人となったが、その生活ぶりを次のように記している。

「ルソーは夏には五時に起き、七時半まで写譜をして、それから朝食をとり、食事のあいだ、前日の午後採集した植物を紙の上にひろげることに没頭する。朝食がすむと、ふたたび写譜をし、十二時半に昼食、一時半になると、シャンゼリゼのカフェにコーヒーを飲みに行く」

ここでルソーは、サン・ピエールと落ち合うのである。太陽が照りつけても、身体のためになるといって帽子はかぶらず、小脇にかかえている。日が暮れるすこしまえに散歩からもどり、夕食をとる。そして九時半に床につく。食物に対する好みは淡白で、自然であった。

図23　ルソーの散歩姿　終焉の地エルムノンヴィルにて。

パリから田舎道にさしかかると、「やっと馬車や舗道や人間から解放された」といって、ルソーの顔から暗い影が消えたが、帰りにパリの町へ近づくと、ふたたび暗い影がさしてくるのだった。

ルソーはつねに自然の美しさに対してのみ感動した。彼は植物採集のとき、虫めがね

（ルーペ）を手に持ち、それで野の花を眺めて、その美しさを観賞し、花屋で売っている人工的に栽培された花は好まなかった。

一七七六年、六十四歳の彼は、『孤独な散歩者の夢想』を書きはじめ、その「第十の散歩」を未完成のまま、一七七八年五月二十二日、エルムノンヴィルに行ったが、七月二日にその地で亡くなった。遺言により、住居に面したポプラ島に葬られた。そこは、ルソーの安らぎの地にふさわしかった。フランス革命後、革命の恩人として、彼の遺体はパリのパンテオンに移し祀られた。論敵ヴォルテールの墓と並んでしまったのは皮肉なことと思われる。

ルソーが息を引きとったとき、彼の部屋にあったのは、幼いときからの愛読書のプルタルコスの『英雄伝』のほかに、『タッソー』、ビュフォンの『自然誌』一冊（おそらく第二巻）、それに彼の書いた「村の占師」の楽譜、音楽辞典、そのほかは一二冊の植物書であった。

ルソーの植物学

ルソーの植物学研究の端緒となったモチエの住いを世話したボイ・ド・ラ・ツール夫人の娘マドレーヌ＝カテリーヌ・ドルセール・ネ・ボイ・ド・ラ・ツール（一七四七―一八一六）は、リヨンの富裕な銀行家ドルセールに嫁し、四歳の娘マルグリートがあった。ルソーは、一七六八年、リヨンでドルセール夫人に会い、パリから幼い娘の教育の材料として一七七一年から三年間、植物学の手びきのための八通の手紙をドルセール夫人に書いている。最初の手紙は一七七一年八月二日のもので、花の観察をすすめたうえで、ユリの花を例にとり、花の構造を説明している。

「ユリをとってごらんなさい。まだ開花しているものが、容易に見つかると思います。それが開くまえには、茎の先に楕円形の緑がかった蕾が見えるでしょう。それは、開花にあたって、しだいに白くなります。そして全開すると、各片に分かれた花瓶の形をとる外側の白い部分が見られます。ユリの場合は白色ですが、この外側の部分は花冠 corolla とよびます。これは、一般にいう花ではありません。なぜなら、花冠はその主な部分ですが、花は多くの部分から成り立っています。ユリの花冠は一片からなっているのではないことは容易に見られます。それがしおれて落ちるときは、はっきり離れた六箇の花弁 pétale という部分になって落ちます。このように、多数の弁からなる花冠をまとめて離弁花冠 corolle polypétale（多弁花冠）といいます。もし花冠がヒルガオのように一片からなりたっていれば合弁花冠 corolle monopétale（単弁花冠）とよびます。

ユリの話にもどりましょう。

花冠のちょうど真ん中に、底にくっついて真っ直上を向いて立つ一種の円柱が見られるでしょう。この円柱はその全体を雌しべ pistil とよびます。それは三つの部分に分けられます。(1)周りが丸まった三稜の円壔形のふくらんだ基部、これを子房 germe (一般には ovaire) といいます。(2)子房の上のもの、これを花柱 style とよびます。(3)花柱は先端で三つの切れこみのある一種の頭部で終わっています。この頭部を柱頭 stigmate とよびます。これで雌しべが三部分からなることがおわかりでしょう。

柱頭と花冠のあいだにはっきりとした六箇のものがあり、これを雄しべ étamines といいます。各雄しべは二部分でできています。つまり、花冠の底に着いている花糸 filet とよばれる細い部分と、もっと太くて花糸の先端についている葯 anthère とよぶものとからできています。葯は、熟すと開く箱で、ひじょうに香りの強い黄色の粉 poussière (塵) をまき散らします。これについては次にお話ししましょう。この粉は、いまでフランス名がありません。植物学者のあいだではこれを花粉 pollen とよびますが、それは粉 (塵) と同じ意味なのです。以上が花の部分の大体です」

これにつづいて、果実や種子、ユリの仲間であるユリ科植物のさまざまや、その花冠はときに萼 calice と区別されるものがあることを述べ、終りに、「さようなら、親しい従姉妹よ、もしこのような粗末なものでお役に立つなら、つづけます。短いお便りでもください」と結んでいる。夫人は真の従姉妹ではないが、親しみをこめて、つねにこう呼んでいたのであった。

このような手紙は八回もつづいた。そしてルソーは、夫人に、「この手紙で植物学を勉強しているあいだは、ほかの本を見ないでください」とまでいっている。彼は、リンネの体系を貴びはしたけれども、「それは古くなっている」という。そうはいっても、それではだれの体系がよいとはいっていない。ルソーが植物園でベルナール・ド・ジュシューに、どの体系をとるのがよいかを訊ねたとき、ベルナールの答えは、「何の体系と定めるな。自然には体系はない」といった。このことはベルナールの性質をよく示しているが、それはまたビュフォンの主義でもあった。

ルソーの手紙を読むと、彼の考えはツルヌフォールの体系に最も近いと思われる。花の構造を重視するので、自然にそうなるのである。

ツルヌフォールの体系の各綱と彼の植物学のための手紙での言及の所在を〔　〕で対比してみる。「I草部」では、
①鐘形花、②漏斗形花　〔ともに第一手紙〕
③仮面形花　〔第四手紙一七七二・六・十九〕
④唇形花　〔第四手紙一七七二・六・十九〕
⑤十字形花　〔第二手紙一七七一・十・十八〕

⑥バラ形花〔記述なし〕
⑦バラ形花で散形花〔第五手紙一七七二・七・十六〕
⑧ナデシコ形花〔記述なし〕
⑨ユリ形花〔第一手紙一七七一・八・二十二〕
⑩マメ形花〔第三手紙一七七二・五・十六〕
⑪異形花〔記述なし〕
⑫筒状花、⑬半筒状花、⑭舌状花〔キク科植物として第六手紙一七七三・五・二〕
⑮無弁雄蕊花、⑯無弁有果実、⑰無弁無果実〔記述なし〕

第七手紙（一七七三〔日付を欠く〕）はリンゴ、ナシなど、主としてバラ科植物の果木について述べているので、ツルヌフォールの「Ⅱ木部」に当たる。第八の手紙（一七七三・四・十二）は腊葉標本の作り方を述べている。

ルソーのこれらの手紙はまとめられ、写本として伝わり、「ルソーの植物学」とよばれて親しまれた。一般の専門書がラテン語であるのに、これはフランス語で、だれにも理解できるように書かれている。一七八一年には全集にも入った。ケンブリッジ大学植物学教授トマス・マーチン（一七三五―一八二五）はこれを英訳し、また自身、ルソーの文体を真似て、リンネ二四綱を一綱ずつ説明する手紙形式で書き加えた『基礎植物学の手紙』

（一七八八）を図版を付して出版した。これは版を重ねて、一七八九年にはフランス語訳も出ている。一八〇五年には植物画家の第一人者ピエール＝ジョセフ・ルドゥテ（一七五九―一八四〇）がルソーの手紙文に美しい彩色画六二枚をつけて出版されたフォリオ版は、いまでは一〇〇万円を超す古書値である。

ドルセール夫人からルソーの手紙を見せてもらって、植物学を学んだマルグリートの兄弟エチエンヌとベンジャマンも、植物への興味を深め、ベンジャマンは富の一部を割いて植物標本を蒐集した。兄弟の死後、ドルセール夫人の娘姉妹は植物標本をジュネーヴ市に寄贈し、それは、現在、世界で最も豊富な蒐集の一つとなっている。

ルソーの植物学には、ほかに『植物用語辞典断片』『植物学断片』が残っている。これらの業績は、植物形態学の発展のために大きく貢献した。

ジュシューとアダンソンの自然分類

リンネのベルナール・ド・ジュシューへの影響

リンネは雌雄蕊分類法によって植物を二四綱に分けて、その体系を植物分類学に関する多数の書物のすべてに適用して植物の種を記述したが、この分類体系で満足していたわけではなかった。ルソーがリンネの本を片手に植物を学んだように、雌雄蕊分類法はだれにでも容易に用いられるようになったため、植物学は世界じゅうに流行したが、この分類法にも欠点はもちろんあった。

雄しべの数で綱を分け、さらに雌しべの花柱の数で目《もく》に細分するとなると、だれでも気づくことだが、たとえば十雄蕊綱三分雌蕊目に入るハコベ属 *Stellaria* では、ハコベはそれでよいが、ウシハコベは雌しべが五花柱なので五分雌蕊目に入れるべきことになる。しかし両者は、気がつかないと、種を間違えるほど似ているから、現在では属を一般に分けていない。またヤマツツジやミツバツツジは五雄蕊綱単一雌蕊目のツツジ属 *Azalea* に、リュウキュウツツジやトウゴクミツバツツジでは十雄蕊綱単一雌蕊目のシャクナゲ属 *Rhododendron* にそれぞれ入る。しかし両者とも現在ではシャクナゲ属とする人が多いし、たしかに雄しべ数のほかにはこれといった差はない。一方、五雄蕊綱単一雌蕊目には、現在のサクラソウ科、ヒルガオ科、キキョウ科、ナス科植物はもとより、ブドウ科、クロウメモドキ科、ニシキギ科など、まったく似ていない科も入ってしまう。

植物分類の対象をヨーロッパから世界にひろげていくにつれて、リンネの体系では自然の群からますます離れるものが出てくる。

生きたままの植物に親しんでいると、花を見ないでも、これはキク科植物だとかセリ科植物だとか、あるいはシソ科だとかマメ科だとかがわかるようになる。いわば、現在用いられているような科はリンネの綱や目よりも自然な群に思われ、むしろ、ツルヌフォールの花の形による体系のほうが自然に近い群が多いと思われる。リンネ自身もこのことは感じたにちがいなく、すでに『植物綱誌』(一七三八)に「自然分類法断片 Fragmenta methodis naturalis」を発表しているが、さらに『植物哲学』(一七五一)の三十七条に、「自然分類法断片は最も慎重に研究されねばならない」、「この樹立こそは植物学者の最初で最後の念願である」、「自然はけっして飛躍しない」、「すべての植物群は世界地図の上の各地方のようにそれぞれの場所を占める」、「わたしが提案するこの断片は、次のとおりである」と記したあとで、全植物を六八群に分けて、その名と、群ごとの属名をあげている。リンネが「断片」というのは、未完成で、まだどの形質を基準として分類するか、その方法が見つからないという意味である。

これで見ると、たとえばヤシ類 *Palmae*、ラン類 *Orchideae*、アヤメ類 *Ensatae*、ユリ類 *Liliaceae*、イネ類 *Gramina*、マツ類 *Coniferae*、セリ類 *Umbellatae*、マメ類 *Papilonaceae*、シソ類 *Verticillatae*、ゴマハグサ類 *Personatae* があるが、これらは、現在の科 Familia, Family にそうとう近いものである。またキク科は三類に、バラ科は四類に分けられているが、これらは、現在でも、科を一つにしたり、亜科 Subfamily としたり、科を別々にしたり、人によって意見がちがうのである。

この『植物綱誌』が出版された一七三八年にリンネはパリの植物園を訪れて、ベルナール・ド・ジュシュー（図24）に会っている。ベルナール・ド・ジュシューはこのリンネの「自然分類法断片」を筆写していて、その手稿は現在もパリの国立自然誌博物館に保存されている。

パリの植物園内の分類花壇、いわゆる植物学校の植物の配列は、ベルナール・ド・ジュシューの兄の植物園の教授アントワーヌ・ド・ジュシューの考えにより、また園長ビュフォンの考えもあって、のちのちまでツルヌフォールの体系に従って並べられ、リンネの体系がとられたことはなかった。

筆で『植物学百科全書』（一七八三―一八一七）を出版した。これは「植物学辞典」ともよばれ、最初の三巻から八巻半ばまでが彼の著述である。ただし、第五巻はポアレとド・カンドルの共著である。その他はすべてポアレが執筆した。

また『図解植物学百科全書』（一七九一―一八二三）は、リンネの分類体系に従い、属を並べて、その図解をしたもので、九〇〇図版を含む。これもポアレとの分担執筆である。『植物学百科全書』では、序章に植物学の歴史をくわしく述べ、過去の植物学者の分類体系を多く紹介している。この分類体系表をかかげているものは、チェサルピノ、ツルヌフォール、レイ、モリソン、ヘルマン、リヴィヌス、リンネ、ハラー、アダンソン、ベルナール・ド・ジュシューの二体系しかあげていない。そして体系の欠点をいろいろと述べているが、『植物学百科全書』のほうでは彼が体系に興味をもってきたことを示している。

『フランス植物誌』第二版を出版した同じ年の一七八〇年四月二十二日にラマルクはアカデミーに『重要な物理学的現象の原因研究』の原稿を提出した。この原稿は一七七六年にすでに出来ていたから、『フランス植物誌』にさきだって書かれたものであり、自然についての一般的考察であった。しかしこの論文は、アカデミーの人たちを失望させた。ラマルクの物理・化学は古い時代のもので、すでにラヴォアジエが『化学要論』（一七八九）を著わして古い化学を一新しているのに、従来のフロギストン説に固執していたからであ

図24　ベルナール・ド・ジュシュー

アントワーヌ・ド・ジュシューは自分の植物体系はたてず、つねにツルヌフォールの体系によって講義し、ツルヌフォールの『基礎植物学』を改訂増補して出版している。

リンネの胸像は世界の多くの植物園に見られるが、パリの植物園ではわたしは見たことがない。しかし、ジョフロア・サン＝チレール街とキュヴィエ街の出会うところの植物園の裏門を出ると、そこからパリ大学理学部へ向かう道はリンネ街と名づけられている。もう三〇年近くまえになるが、このリンネ街にリンネ・ホテルという宿屋があり、名が気に入って、宿泊を申し込んだことがある。いまの大学理学部は当時はブドウ酒の市場で、このホテルは酒屋さんの常宿となっていて、いつも満員のため宿がとれなかったことを、いまでも残念に思う。

植物愛好家だったルイ十五世は、ヴェルサイユ宮のトリアノンの庭園に分類花壇をつくることとなり、これをベルナール・ド・ジュシューに任せた。彼は自身の体系をつくろうとは思わなかったが、リンネの「自然分類法断片」にヒントを得て、八〇〇属の植物を六四群に分けてこの庭園に植物を配置し、絶えずその配列を改良していった。ベルナール・ド・ジュシューは、弟子のミシェル・アダンソン（一七二七―一八〇六　図26）とともにこのトリアノンの植物園の管理に力をそそいだ。

ベルナール・ド・ジュシューは植物分類体系の本は書かなかったが、その知識は甥のアントワーヌ・ロラン・ド・ジュシュー（一七四八―一八三六）の『植物属誌』（一七八九）に実を結んだ。その本文の前付に、「ベルナール・ド・ジュシュー、一七五九年、ルイ十五世のトリアノン庭園における自然配列」として、植物の六四綱の名と、それに属する属名のみをあげている。これで見ると、属の配列が隠花植物・単子葉植物・双子葉植物合弁類・双子葉植物離弁類の順になっている。ベルナール・ド・ジュシューの分類体系はアントワーヌ・ロラン・ド・ジュシューによって受けつがれていることを示している。

一般に、リンネの人為分類 Artificial classification はアントワーヌ・ロラン・ド・ジュシューの自然分類 Natural classification にとって代られたという考えが普及している。リンネの『植物綱誌』がベルナール・ド・ジュシューに影響を与え、その影響が、二人の弟子ともいえるアントワーヌ・ロラン・ド・ジュシューとアダンソンの分類体系に及んだということは、いままで見過ごされてきた。その点と、それにもかかわらずアントワーヌ・ロラン・ド・ジュシューとアダンソンの二つの植物体系がまったく性質の異なる自然分類体系を提唱したことに興味がある。

十八世紀を通じてパリの植物園の植物学はジュシュー家（表4）によって代表される。アントワーヌ・ロラン・ド・ジュシューの名によってアダンソンの名がかくれてしまったことについても述べたい。

ジュシュー兄弟

リヨンはパリに次ぐフランスの大都会であり、パリが政治の中心とすれば、商業の中心としてむかしから栄えていた。商人のなかでも薬種商は外国の香料を扱い、富を背景に高い社会的地位を占めていた。そのなかで知名のジュシュー家では長男のクリストフ・ド・ジュシューが父のロラン・ド・ジュシューのあとを継いで商売をするかたわら、『テリアカ新考』の書を著わし、万能薬として知られているテリアカの研究をした。

次男のアントワーヌ・ド・ジュシューは、僧侶となるために十四歳で宗門に入ったが、植物が好きで、採集をはじめた。リヨン地方は植物の豊富なところである。彼は、植物学の聖地ともいうべきモンペリエに行き、医学を学ぶかたわら、マニョルに植物学を学んだ。一七〇七年に大学を卒業し、憧れのツルヌフォールに師事すべくパリに出かけたが、ツルヌフォールが事故で亡くなったのはその翌々年のことであった。アントワーヌ・ド・ジュシューの植物の知識はたちまち植物園で認められ、一七一〇年に二十四歳でツルヌフォールのあとを継いで植物学教授 Démonstrateur de l'intérieur des plantes sous le titre de

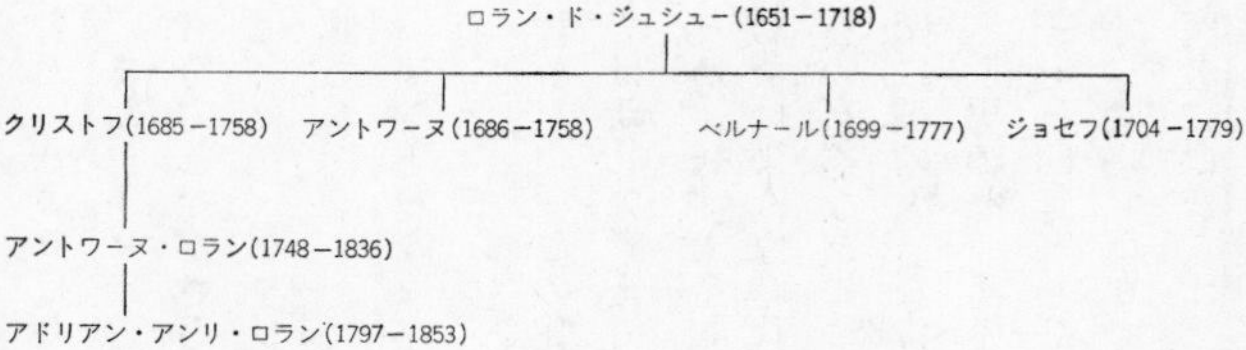

表4　ジュシュー一家

professeur de botanique となり、終生その職にあった。

アントワーヌ・ド・ジュシューの在職中の園長はピエール・シラク、デュフェ、ビュフォンの三代にわたった。アントワーヌ・ド・ジュシューは一七一二年にアカデミー会員となって、いらい四六年間つづいたが、こんなにも長くアカデミーにいた人も珍しいといわねばならない。

当時の植物園では、まず植物の採集旅行に出ることが習慣であったので、アントワーヌ・ド・ジュシューも、一七一〇年に弟のベルナールを連れて、ノルマンディ、ブルターニュ、南フランスのニースから、地中海の島々、スペイン、ポルトガルにまで行った。その後、ほとんど旅行しなかった点では、植物採集に明け暮れたツルヌフォールとは異なるが、アントワーヌ・ド・ジュシューにとっては、諸外国を旅行した多くの人がたくさんの植物標本を送ってくれたので、研究材料には不自由しなかったためもあろう。

アントワーヌは医師として貧しい人びとの治療に多忙な日を送っていたから、植物研究は多少犠牲にされていた。彼は、学者というよりはむしろ教育者であり、植物園管理にも力をそそぎつつ医師として働いた。またコーヒーの木を初めて記載し、コーヒー栽培をフランス植民地に普及させることにも努力した。さらに、外来の薬用植物を研究して『アカデミー報告』に発表したが、それは、死後、グランドジェ・ド・フォアニイによって『植物の薬効』(一七七二)として出版された。

アントワーヌ・ド・ジュシューはフランスで初めて植物化石を研究し、『リヨン地方サン・シャモン St. Chamond 地方の石の上に刻された植物の印象』(一七一八、一七二一)を著わした。この化石植物が現在の植物とはまったく異なるものだとしたことは、当時としては新しい考えであって、山地で貝殻が見つかると、ヴォルテールのような知識人でさえもが、それは巡礼が食べた貝の殻を捨てたものだといって、過去の生物としての化石を認めないような時代であった。またアントワーヌ・ド・ジュシューは、先史時代のフリント石の石器などについても報告している。現在、パリ国立自然誌博物館の地質鉱物研究館玄関に彼の大きな像が建っているのは、彼が化石研究の先駆者だからである。

三男のベルナール・ド・ジュシューは、兄のアントワーヌ・ド・ジュシューに呼ばれて、一七一四年、パリにやって来て、兄について植物学を学んだ。一七二〇年にはモンペリエで、次いでパリで医学を学んだが、苦しむ病人を診ることは彼には耐えがたかったので、医者にはならず、一七二二年、植物園でヴァイアンのあとを継ぎ、それから一七七二年までの五〇年間を植物学助講師 Sous-démonstrateur de l'extérieur des plantes として終生これに甘んじた。彼は、講義をしたり、本を書いたり、文献をしらべたりすることよりも、ただ植物そのものに親しんでいることのほうがよかった。

一七二八年、リンネが植物園を訪れて、二人はすぐ仲良くなった。リンネはパリでは植物名を問われても自分では答えず、必ず、「ベルナール・ド・ジュシューに問え」といった。リンネはラテン語以外の外国語を知らなかったが、当時は学者間ではラテン語が通用していた。植物名を尋ねられると、リンネはいった。

「神さまにでなければ、B・ド・ジュシューにどうぞ！ Aut deus aut B. de Jussieu!」

リンネは、ベルナール・ド・ジュシューとともに、ムードン、トリアノン、サンジェルマン、フォンテンブローの森に植物採集に行っている。

ベルナール・ド・ジュシューは植物を求めに二度ほどイギリスへ行き、植物園の植物の数をふやした。いまも植物園のラビリントの入口にそびえ立つレバノンの杉 *Cedrus Libanotica* は、レバノンからの種子を育てた苗木を、一七三四年にイギリスからもらってきて植えたものである。

ベルナール・ド・ジュシューは二十六歳でアカデミー会員となった。ツルヌフォールの『パリ付近植物誌』の改訂版を出しているが、学術論文の発表はごく少なく、デンジソウや動物のポリプの研究ぐらいのものである。晩年は盲目となり、七十八歳で生涯を終えた。

四男のジョセフ・ド・ジュシューは医学を学び、工学と植物学も学んだ。海軍大臣兼植民地大臣のモールパが子午線測量のためにペルーに科学調査団を派遣したとき、医師として、また南米の産物の調査員として、選ばれて同行した。

一七三五年五月、フランスの港を出発した調査団は、ヨーロッパ人として初めて、マラリアの薬キニンで知られるキニーネの木 *Cinchona* を発見した(一七三七)。ジョセフ・ド・ジュシューはこの植物を完全に観察した。病気のため、調査団とともに帰国せず、南米各地を歩き、コカの栽培も研究した。医師としてばかりでなく、橋をかけたりする技師としても働いた。

一七七〇年、スペインに向けて出発し、一七七一年七月十日に三六年間留守にしていたフランスに帰った。健康は回復したが、一七四三年に会員となったアカデミーにも行かず、また何の論文も書かなかった。

アントワーヌ・ロラン・ド・ジュシューの自然分類

アントワーヌ・ロラン・ド・ジュシュー(図25)は、その分類体系によって、ジュシュー一家でも最も有名となった人である。リヨンに生まれ、ベルナール・ド・ジュシューに呼ばれて、一七六八年、パリに出た。彼はまず、パリ大学医学部で一七七〇年に博士号をとったが、その博士論文は叔父アントワーヌ・ド・ジュシューの論文題目とほとんど同じで、動物・植物間の性質の類似性を述べたものである。当時、植物学教授の地位にあったギヨーム・ル・モニエ（一七一七―九九）がルイ十六世の侍医に任ぜられたので、その担当の植物学講義はアントワーヌ・ロランにまかせられた。一七七二年、叔父ベルナールが引退し、アントワーヌ・ロランがそのあとを継いだ。一七七三年、「ウマノアシガタ科に関する論文」で、雄しべ・雌しべの数や花の形はさまざまでも一つのまとまった群であることを示した。

図25　アントワーヌ・ロラン・ド・ジュシュー

やがて、植物学校を改善する機会が来た。ツルヌフォールの体系は、あまりにも古くなっていた。けれども、だからといって、リンネの体系は園長ビュフォンの好むところではなかった。そこでアントワーヌ・ロランは、叔父ベルナールの方式に従った。つまり、植物を無子葉・単子葉・双子葉の植物群に分ける方式である。そしてこの三群を、花弁や雄しべが子房上位か、周位か、下位かに分かつのである。次に、ツルヌフォールの重視した花冠の性質で分ける。この分類の考えは叔父ベルナールによったものだが、ベルナール自身はこれをどこにも書かなかった。ただ、一七七四年に植物学校での植物の配列をこのようにしたのである。これをアントワーヌ・ロラン・ド・ジュシューが改良したのである。この新しい植物群の配置法は『アカデミー報告』に出たが(一七七四)、これをまとめたものは『植物属誌』(一七八九)として刊行された。出版がフランス革命の年にあたったので、「植物学の革命の書」といわれて世に知られ、「自然分類」として世にひろまった。

この本の初めに彼は、ベルナール・ド・ジュシューが体系をたてるために胚・雄しべの位置の特徴をとったことをいい、その立場を採用するという。アントワーヌ・ロラン・ド・ジュシューは、形質の順位の法則 Loi de la subordination des caractères をいって、分類のための形質の重要度は次の順位だとした。

(1) 第一の重要な形質は、形に変化なく、同一群の植物ではつねにきまって現われる主要器官に関する形質である。すなわち、雄しべまたは雄しべをもった花冠の子房に対する位置および胚の子葉数。

(2) 第二の形質は、形に変化なく、同一群の植物では例外的にしか変わらないものである。それは(1)ほど重要な形質とはいえない。たとえば、雄しべをもたない萼や、花冠のあるなし、合弁(単花弁)か離弁(多花弁)か、萼と雌しべの相互位置、胚をめぐる特殊の

		目の数	目の例（数字は目の通し番号）
無子葉類 Acotylédonés	第 1 綱	6	1 菌，2 藻，3 苔，4 蘚，5 羊歯，6 イバラモ
単子葉類 Monocotylédonés			7 サトイモ，9 スゲ，10 イネ
雄しべは子房下位	第 2 綱	4	11 ヤシ，14 ユリ，18 アヤメ
周位	第 3 綱	8	19 バナナ，20 カンナ，21 ラン
上位	第 4 綱	4	
双子葉類 Dicotylédonés			
無花弁 Apetala			
雄しべは子房上位	第 5 綱	1	23 ウマノスズクサ
周位	第 6 綱	6	24 グミ，27 クスノミ，28 タデ
下位	第 7 綱	4	30 ヒユ，31 オオバコ
単花弁 Monopetala			
花弁は子房　下位	第 8 綱	15	34 サクラソウ，39 シソ，41 ナス
周囲	第 9 綱	4	50 ツツジ，52 キキョウ
上位			
{葯合着	第 10 綱	3	53 アザミ，54 ニガナ，55 キク
葯離生	第 11 綱	3	56 アカネ，58 スイカズラ
多花弁 Polypetalae			
雄しべは子房上位	第 12 綱	2	59 ウコギ，60 セリ
下位	第 13 綱	22	61 ウマノアシガタ，63 ナズナ
周位	第 14 綱	13	81 ユキノシタ，92 バラ，93 マメ
不規則の雌雄異花	第 15 綱	5	98 イラクサ，99 カンパ 100 マツ

表 5　アントワーヌ・ロラン・ド・ジュシューの分類体系

体である胚乳Périsperme（これにグルーやゲルトナーはAlbumenのラテン語を与えている）の有無、またその性質。

(3) 第三の形質は、同一群内の植物で、あるときは同一形、あるときは変化し、あるとき重要、あるとき重要でないような器官の性質で、たとえば萼が合萼か離弁萼か、子房が単一か多数か、雄しべの数やつりあいProportion、雄しべの合一、果実の部屋数、裂開法、花葉の位置やその形質。

以上の原則でアントワーヌ・ロラン・ド・ジュシューの与えた体系は一五綱・一〇〇目で、表5のようになる。この表を見ると、現在、多く用いられている分類体系によく似ていることに気づく。アントワーヌ・ロラン・ド・ジュシューのこの分類が、以後の植物体系の主流をなしているからである。

王立植物園はフランス革命で国立自然誌博物館と改称して存続することになり、アントワーヌ・ロラン・ド・ジュシューが野外植物学 Botanique dans la campagne の教授となって、革命によって僧院や亡命者たちから没収された図書で急激にふくれた博物館内の図書館の仕事もまかされ、忙しかった。また、当時の『自然科学辞典』に多くの項目を書いた。博物館以外にもパリ市役所の係員を兼ね、一七九二年には病院の役員、またパリ大学の薬学部の教授にもなった。一八〇八年には大学の顧問となった。一八二六年、盲目となった彼は、その子アドリアン・アンリ・ロラン・ド・ジュシューに博物館での職を譲って、隠退した。アンリは、死ぬまでその職にあったが、それほどすぐれた学者とはいえなかった。

ジュシュー家が一三五年にもわたって植物園の植物学を支配したことは、良い点も悪い点もあったが、そのあと植物園では、植物分類学の活動は長いあいだ停止してしまうのである。

アダンソン

ベルナール・ド・ジュシューのもう一人の弟子アダンソン（図26）は、師より二八歳若く、アントワーヌ・ロラン・ド・ジュシューより二一歳上である。

アダンソン家はプロヴァンス地方の北部にあたるオーベルニュの出である。父のレジェ・アダンソン（一六八四―一七四九）が南フランスのエクス・アン・プロヴァンスの大司教に仕えることとなり、町の中心にいまも残る古いサン＝ソーヴォール聖堂に付属する建物のなかで、一七二七年四月七日、アダンソンは生まれた。この聖堂の前壁は、その美しい彫像群でいまも名所となっている。

その後、大司教のパリ転任に従い、アダンソン一家もパリに出た。そのためアダンソンは、幼くして生まれ故郷を離れてしまったのだが、現在、エクス・アン・プロヴァンスの町の人びとは、ツルヌフォールとアダンソンの二人の偉大な植物学者を生んだことを誇りとしている。この地の自然誌博物館 Musée d'Histoire Naturelle の入口にはアダンソンの大きな大理石像が建っている。この博物館には、エクス出身の植物化石の研究者であるルイ・シャルル・ジョセフ・ガストン・ド・サポルタ（一八二三―九五）の蒐集した見事な化石の陳列があるが、奥の一室にはアダンソン関係のものが展示されている。サポルタはとくに北アフリカの化石学や民族学にくわしかったから、アダンソンとの因縁も深いと思う。

パリに出たアダンソンは、一七三二年に五歳で学校に入り、次いでコレージュ・セント＝バルブに学んだ。このパリでも最も費用のかかる評判のよい学校に入ったのは、父の教育熱心による。父はこの子が宗教界に名をなすことを望んでいた。アダンソンはこの学校で熱心に勉強したおかげで、ギリシア語・ラテン語に精通し、一七三三年彼に肩入れした大司教の期待を裏切らなかった。

図 26　ミシェル・アダンソン

にはギリシア語詩とラテン語作文で一等賞をとり、彼に肩入れした大司教の期待を裏切らなかった。

彼はすぐれた聖職者となるための教育を受ける一方、暇さえあれば王立植物園を訪れた。薄暗い古びた学校とは対照的に、そこには生き生きとした自然があった。

彼は、一七四〇年に大学課程を終えたので、植物園で解剖学・化学の勉強に専念し、またアントワーヌ・ロラン・ド・ジュシューとベルナール・ド・ジュシューの講義や実習に参加した。さらに王位コレージュ Collège du Roi でギリシア語を徹底的に勉強して、とくに植物学に関する古い文献に目を通した。また天文学はピエール＝シャルル・ルモニエ（一六七六―一七五七）に、動物学は昆虫の充実した個人蒐集品をもっていたルネ・アントワーヌ・フェルショー・ド・レオミュルに学んだ。

一七四五年、イギリスのジョン・T・ニーダム師はフランスを訪れ、ビュフォンと話し合った。ニーダムとイタリアのラッツァロ・スパランツァーニ師との自然発生説をめぐる論争は生物学史上有名な話であるが、生物は有機分子からなるというビュフォンの説は、細菌のような微生物は自然発生するというニーダムの説と合致した。アダンソンがコレージュでのニーダムの講演に出席したとき、ニーダムは、アダンソンの才能を認めたのであろう、「君は人文の研究はすべて仕遂げたのだから、次は自然の作品を研究すべきだ」という励ましのことばとともに、持ってきた顕微鏡をアダンソンに与え、微小動物観察の方法を教えた。

このころからアダンソンは、植物にひじょうな興味をいだき、一七四〇年いらい植物園で観察した植物五〇〇〇種のカタログをつくったり、従来の分類体系の比較研究をはじめた。二十歳になると、両親は彼の将来について心配したが、父は、聖職者になれと強制するようなことはなかった。

当時、一般に植物学が流行し、貴族のなかには大きな庭園内に植物園をつくって楽しむ人もいたから、そのようなところにつてを求めて勤めようとしたが、うまくいかず、結局はインド会社 Compagnie des Indes の社長のはからいでアフリカのセネガルに派遣されることになった。職務は単なる簿記係であったが、植民地での科学調査を自由にさせるということで、師のレオミュルもベルナール・ド・ジュシューも賛成した。西欧の自然誌研究はすでにそうとう究め尽くされているので、アダンソンは未知の国アフリカで新しい研究をしようと喜んでこの道を選んだ。

一七四九年三月三日にフランスの港を出て、四月二十四日にはセネガルの首都で会社のあるサン・ルイの港に着いた。ここは現在のダカールの少し北に当たる。アフリカの最西端に近い熱帯のこの地は、西欧人にとって耐えがたいものであったし、マラリア蚊、毒サソリ、毒ヘビやワニなどの危険な動物も多かったが、この地で働いている、金儲けしか頭にないような粗暴な白人の社会は、それ以上に厭わしいものであった。しかし、西欧とはまったく異なる動植物が彼を喜ばせた。彼は、そこに住む黒人たちの文化に興味をもち、アフリカ原住民と親しく付き合い、言語を学び、各地を旅行して地図を作成し、温度を計り、動植物のあらゆる分野にわたる標本を制作した。彼は、一般のフランス人が奴隷商人から伝わる話や物語としてしか知らないアフリカ原住民をよく理解し、同じ人間として何ら変わりないと思った。

彼はしばしばベルナール・ド・ジュシューに手紙を書いて、自然観察の報告をしている。たまたまベルナール・ド・ジュシューからの手紙でトリアノン宮の庭園に勤め口があることを知って、一七五三年九月六日、帰途につき、翌年一月四日にフランスの港に到着、二月十八日、パリの土を踏んだ。アダンソンはアフリカの自然と文化を本格的に調査した最初の人である。

アダンソンがセネガルでもらっていた俸給は年に一五〇リーヴルであったが、帰国してからは六〇〇リーヴルに昇給した。しかし、会社につづけて勤める気はなかった。アフリカで四年間にわたって集めた動物・植物・鉱物の五〇〇〇種にのぼる標本の研究をしたかったからである。この標本のなかには、ビュフォンの『自然誌』の記事の材料となったものもあった。

フランスへ帰ってからのアダンソンの仕事は、第一に、『セネガル自然誌』(一七五七)の執筆と、その出版であった。そのため彼は、動物・植物・鉱物のすべてを扱った八巻にわたる大冊を予定した。最初の巻は、セネガルでの仕事について簡単に述べた文につづいて、貝類の研究に当てられている。貝類はそれまでは美しいものだけが植物園の標本館に集められているのみで、あまり研究されていなかったからである。本文は一七五五年に出来上がり、一七五六年にアカデミーの会合で発表された。第二巻以降は出版されずに終わった。その原因の一つは、一七五八年に七年戦役で不利となったフランスが、セネガルをイギリスにとられたことによる。しかし一方、一七五九年に第一巻の英訳本がロンドンとダブリンで同時に出ることにもなった。

その後アダンソンは、いっしょに住んでいた師のベルナール・ド・ジュシューが老齢で足が不自由となったので、彼を植物園につれて行く役を引き受けたが、そこで多くのすぐれた学者に会えたことは好都合だった。植物好きの出版物監督長官マルゼルブは、一七五八年、アダンソンに王の出版検閲官 Censeur Royal という名義で年金四〇〇リーヴルを与えた。

一七六四年、ベルナール・ド・ジュシューの二人の甥がリヨンから出てきたので、アダンソンは、ジュシュー家から植物園近くの小さな借家に移った。

一七六三—六四年には、『植物諸科』全二巻が発刊され、一〇リーヴルで販売された。そのころ経済的に苦しかったアダンソンは、標本を売ることにし、四〇〇〇リーヴルを予定した。王立植物園の標本館は、おそらくビュフォンの決断であろうが、三三〇〇リーヴルでこれを購入した。一七八二年、デュアメル・デュ・モンソーが亡くなって、その後任として、最高の年金つきのアカデミー会員となり、一七八五年、アカデミーの改組で農業植物学の年金会員となった。一七九五年にはフランス学士院会員 Membre de l'Institut de France となり、一八〇七年には科学アカデミーの植物部門の会員となった。そして同年、レジョン・ドヌール勲章をもらった。

アダンソンは、晩年には妻子とも別れ、女中夫婦の世話になって、ひとり静かに書斎にこもり、あまりにも厖大で出版の見込みのない『百科事典』のためのカードにせっせとメモをとり、これを整理し、記事を書きためた。セネガル滞在いらいの習慣で長椅子の上に立てひざで坐り、食物としては砂糖水を好んで飲み、ほかには夜の七時まで牛乳入りコーヒー以外は食事をとらず、一八時間を勉強に過ごした。そして、リューマチで坐るのが辛いことと、彼の意見の聞かれないことを理由として、ほとんど学士院の集会にも出席しなくなり、一八〇六年八月三日、「さらば、不死はこの世のものではない」とのことばを残して、この世を去った。

アダンソンの自然分類

アダンソンは、それまでの植物文献のすべてに目を通し、人によって植物を分類するのに用いる形質が異なることを知った。それで、まず植物に六五の形質を数えあげ、それぞれ一つの形質をとって六五通りの分類体系をたててみた。たとえば、雄しべの数によるもの、雄しべの位置によるもの、花粉の形によるものなどである。しかし、それらの分類体系はすべて不自然だとして、すべての形質を顧慮するのが「自然分類」であるとする。

上記の六五の体系をたててみたとき、しばしば、ある群とある群とはつねに近よって分けられることに気がつき、そのような群こそ自然群であるとして、全植物の一六一五属を五八群、すなわち五八科に分けて、『植物諸科』(一七六三)を書いた。

第一巻は総論、第二巻は各論である。葉・性・花・花冠・雄しべ・子房・種子の形質を横軸にとり、科の名を縦軸において、その関係が一覧表として表わされている。すなわち、一つの科の各形質はどのようか、他のものと一見してしらべることができる。次に、各科ごとに形質を横軸にとり、属名を縦軸にとって、属の形質を示した。

ヨーロッパとまったく異なった属の植物の場合、既知の体系では形質の近い属を見出すことは無理である。リンネの体系では、雄しべの数の知られていない植物ではぜんぜん見当がつかない。しかしアダンソンの体系では、一つの形質がわからなくても、この群かあの群かと見当はつくし、新しい属でも既知の科のなかに入れることができる。

オーギュスタン＝ピラム・ド・カンドルは、すべての形質をとるというのはよいが、形質間には、ベルナール・ド・ジュシューのいうように、重要度の差がなければならないとした。ベルナール・ド・ジュシューの形質の重要度の差とは何か。形質のなかで何が重要で何が重要でないかが問題である。重要な形質を選んでとることは、アリストテレス、チェサルピノ、ツルヌフォール、リンネとうけつがれて、ベルナール・ド・ジュシューに至る考えであり、重要な形質とは、植物の働きに大切な器官の形質ということであった。

ベルナール・ド・ジュシューは、これに、子葉の性質、雄しべのつく位置をとったのであって、チェサルピノが果実を、ツルヌフォールが花冠を、リンネが雌しべ・雄しべの数をとったことに連なるものである。ただ、ベルナール・ド・ジュシューの分類は、この形質をとると、似かよった属がまとまるという点ですぐれていた。すなわち、この少数の特定の形質をとることによって、むかしのボーアン、レイらが、いわば直観的に似かよった植物をいくらかまとめた群に、こんどははっきりした体系を与えることに成功したのである。それゆえアントワーヌ・ロラン・ド・ジュシューも、一般にいわれるように自然分類の創始者といってよい。

ただ、自然分類の創始者の一人であったアダンソンの自然分類は、異なった方向に向かったすぐれた自然分類であり、かつアントワーヌ・ロラン・ド・ジュシューより早く創立されたものである。しかしアダンソンの体系によって実際にできあがった分類群は、アントワーヌ・ロラン・ド・ジュシューのものほどよくできていたとはいえない。なぜなら、当時は、形質の研究、形態の解析がすすんでおらず、すべての形質をとるといっても、その形質自体の性質がよく知られていなかったからである。それは、ド・カンドルなどの努力によって植物形態学が形をなす以前であり、その当時としては無理からぬことであった。

アダンソンの理論・自然分類は、すべての形質を考慮してなすべきものといいきった点で偉大であり、すべての形質をとって考えると、そこに自然な群がおのずと浮んでくるという考えは、「自然分類」の名にふさわしい。体系をたてるにあたっては、初めから重要な形質を独断的に決めず、アダンソンのようにすべての形質を考慮する必要がある。しかしアダンソンの『植物諸科』は、当時は、適切に評価されなかった。一つには、リンネの反対があり、他には、アントワーヌ・ロラン・ド・ジュシューの無視があったからである。

彼は、セネガル当時から、文明は西欧文明のみでないことを知っていた。植物名はどこの国のことばにせよ、最初に用いられたものをとるべきとした。たとえば、日本のツバキはケンペルも属名「*Tsubaki*」としたから、これをとってリンネの属名カメリア *Camelia* はとらない。また、彼がセネガルで見つけた世界最大の植物バオバブ（図27）を、リンネがアダンソンを記念して、アダンソニア *Adansonia* としたが、彼は原住民のよぶ「バオバブ *Baobab*」をとって、これを正しい学名とした。しかしリンネには、西欧人になじまないことばによる多くの学名は混乱をもたらす以上のなにものでもないと思われた。

図27　バオバブの樹

アダンソンの主張を継ぐものがなかったので、全植物を科に分けるという彼の考えは、その分類表を見ても、一般の人には明解とは思えなかった。しかし、全性質を先入観なしで扱うというアダンソンの自然分類学の原理の提唱は、すばらしいものであった。一般の人にあまり注目されなかったアダンソンであったが、その真価を認めた人がないでもない。

ジョルジュ・キュヴィエは、アダンソンが六十九歳のときに自然誌博物館に入り、七十三歳のときに学士院に入った学者であるが、その鋭い歴史眼をもってアダンソンをみとめた。一八〇七年の追悼演説にもそのことは現われている。

また、アダンソンの自然分類の考えを最も高く評価したのは、十九世紀フランス分類学の第一人者といわれるパリ大学薬学部教授のエルネスト＝アンリ・バイヨンであった。

「アダンソンの書物、とくに『植物諸科』の第一部をくりかえし読めば読むほど、わたしは、彼がわが国の最大の植物学者だと考える。彼がとくに好んで研究し、彼の名をうけ、植物界の巨人たるバオバブ樹に彼の偉大さは比すべきものである」

バイヨンは、そういっている。そして彼の『植物学辞典』には、ジュシュー一家のことよりもアダンソン一人について多く記されているのである。

進化論の創設者ラマルク

ラマルクの銅像

パリ国立自然誌博物館の正門を入ると、高い台座の上に、ジャン＝バプチスト＝ピエール＝アントワーヌ・ド・モネ・ド・ラマルク（一七四四―一八二九）が坐っている。この銅像のラマルクは、マントを着て左手を頰にあて、瞑想しているように見える。

写真で馴染んでいたこの像を初めて仰いだとき、「ああ、パリに来た」という思いがしたのは、わたしが早くからラマルクにあこがれていて、この博物館を植物研究の場と定めていたからであった。それからもう三〇年近くにもなる。

銅像の台座に「進化論の創設者ラマルクに　全世界からの醵金　一九〇八」とあるように、ラマルクを指すのには「進化論者ラマルク」とよぶのが最も適切だが、この像に見られるポーズからは、「哲学者ラマルク」とよぶのもまたふさわしい。哲学は、当時、自然科学の原理と同じような意味で用いられた。リンネの『植物哲学』（一七五一）、ラマルクの『動物哲学』（一八〇九）などの書名がそれを示している。現在でも、ラマルクを哲学者といっておかしくはないといえよう。四〇年まえにアテネ・フランセ内の書店で買ったG・ルヴォルト・ダ・ロンヌの編著『ラマルク』はフランス内外の「大哲学者選書」の一つであり、カタログには、そのほかに『プラトン』『デカルト』『カント』『モンテスキュー』『ベルグソン』『ベーコン』『スピノーザ』などの名があげられていた。

哲学とは知識・原理・真理への愛である。ラマルク自身のことばを引用しよう。

「人の知るとおり、すべての科学はその哲学（理論体系 Philosophie）をもつべきであって、その道によって初めて科学は実際の進歩を遂げるのである。博物学者 Naturaliste がいくら時間を費して種を記述しようと、またそれらの変異のすべての有様と特殊性をあげても、また時間を費して種の厖大な目録をふやしてみても、属を特徴づけるための諸考察を絶えず用いて属をいろいろと設定してみても、その学問の哲学がなおざりにされていれば、その進歩は空虚なものであり、その研究の全業績は不完全にとどまるであろう」（『動物哲学』第一章）

思うに、すべての分類学者の反省すべきことなのである。

この銅像の台座の正面から見て右側面に彫られた文字は、「一七七六―一七九二　植物学諸論文、『フランス植物誌』、一七九二─一八一五　動物学諸論文、一七九四―一八〇六　気象学および物理学諸論文」と記され、左の側面には、「一八〇二『水理地質学』、『パリ付近の化石』、一八〇九『動物哲学』、一八一五―一八二二『無脊椎動物学』」と、その主な業績が記され、彼が植物学者・動物学者・化石学者・地質学者・気象学者として多方面にわたり活躍したことがわかる。

進化論を記した『動物哲学』出版百年、つまり進化論誕生百年を記念して、パリ国立自

図28　晩年のラマルク

図29　ラマルク銅像台座の青銅板浮彫り

然誌博物館の教授たちが発議し、ラマルクの銅像建設のために世界じゅうに基金を募集したところ、予期以上に金が集まった。像は彫像家ファジェルの作である。予算が余ったためか、台座の裏側には、年老いて盲目となったラマルク（図28）がマントを着て腰をかけ、その前に娘のロザリーが立っていて、父の肩にやさしく手を置き、父を慰めている青銅の大きな浮彫りもある（図29）。その下に、同僚のエチエンヌ・ジョフロア・サン＝チレールの聞いた、娘のはげしいことばが刻まれている。

「のちの世の人が賞讃してくださいます。仕返しをしてくださいますよ、お父さん。La postériorité vous admirera. Elle vous vangera, mon pére」

ラマルクの晩年はけっして幸福なものではなかったのであろう。

彼は家庭的には恵まれなかった。一七七七年に結婚した妻は六人の子を残して死亡、一七九三年に再婚した妻も二人の子を残して一七九七年に亡くなった。翌年、また妻を迎えたが、この三番目の妻も、一八一九年、子をもうけずに亡くなった。ラマルクは絶えずルーペを使用していたためか、視力もだんだん弱まり、講義も一部を弟子のピエール＝アンドレ・ラトレイユに譲り、やがて全部を彼にまかせるに至った。

一八一八年についに失明し、娘の一人ロザリーに筆記してもらい、仕事をつづけた。晩年、相場師にだまされたこともあって財産をなくし、貧困のうちに、一八二九年、八十五歳で亡くなったが、そのとき、葬式の費用も十分でなく、科学アカデミーの世話にもならねばならなかった。彼の書物や蒐集品はすぐに売りに出された。残された五人の子のうち、一人は聾者、一人は精神病者であった。娘は二人とも独身で父を助け慰めた。息子のオーギュストだけが技師として独立し、結婚して子孫を残している。

ラマルクの死後、オーギュストがキュヴィエに宛てた一八三〇年二月二十日付の手紙は、次のような語句で始まっている。

「貴下のご希望により、わたしが父の生活について知りうるいくらか詳しいことをお知らせ申しあげます。ジャン＝バプチスト＝ピエール＝アントワーヌ・ド・モネ・ド・ラマルクは、一七四四年八月一日、バポーム Bapaum とアルベール Albert とのあいだにありますバザンタン Bazantin 村に生まれました。家系は古い貴族の一つで、父子代々、軍人の職務に忠実でした……」

主として若い時代の軍人生活を詳しく記している。

ラマルク自身、自叙伝もないし、また人にあまり話してもいないので、この伝記は貴重である。思うに、晩年のラマルクが詳しく息子に語って聞かせたのは武勇談であったのだろう。

ラマルクが亡くなったとき、アカデミーの最大の実力者として幹事長の職にあったキュヴィエは、物故会員ラマルクの追悼演説をする立場にあった。それでキュヴィエは、ラマルクの息子に父の伝記を求めたのであろう。しかし演説の文言にはラマルクの学説をあまりにも酷評した箇所があったので、それを見た会員が、キュヴィエにその原稿を読むことを思いとどまらせ、キュヴィエの死後、表現をやわらげたうえでこれは発表されたという。しかし、削除されたものが、のちに印刷されている。

キュヴィエが進化論に反対したこともあって、ラマルクは学界から忘れ去られていた。埋葬式に参列して追悼の辞を述べたのは、キュヴィエとともに国立自然誌博物館の同僚だったジョフロア・サン＝チレールのみであったが、彼は、ラマルクの無脊椎動物に関する仕事を賞め讃えはしても、進化論については何の言及もしなかった。進化論者ラマルクは完全に葬り去られてしまったように見えた。

彼の墓は現在どこにあるかわかっていない。モンマルトルの共同墓地に葬られたということであるが、そこには、彼の墓は見当たらない。ただ、モンマルトルの丘にそびえたつ白亜の教会サクレ・クールの横手から、曲りながら長く伸びてモンマルトルの北墓地近くに至る道、ラマルク街にその名をとどめているのみである。

お墓参りができないので、せめて彼の生家を訪れたいと思った。マルセル・ランドリューの『ラマルク伝』（一九〇九）には彼の生家の絵が出ている。これは貴族の城としては小さなものである。

ラマルクの生家については、パリの博物館で多くの人に尋ねてみたが、それは現存するかどうか確信をもっている人はいなかった。結局、自分で捜すことにした。パリからアミアンを過ぎ、汽車は二時間半でアルベールに着く。町の中央に聖堂の塔がそびえ、その屋根の上に幼児キリストを頭上にかかげるマリアの像が金色に輝いている。駅前のカフェで訊いてみても、ラマルクの名を知る人は少ない。第一次大戦でこのあたりの家はほとんどなくなってしまったから、いまあるかどうかと大勢の人が集まってガヤガヤと話していたが、はっきりしなかったので、結局、町の観光局に行くことになった。そこには一人の婦人がいたが、やはりラマルクの生家については何も知らず、ただピカルディの観光をすすめるのみであった。しかし幸いなことに、そのとき入ってきた老人が、「家は戦争でなくなったが、記念像がある」という。そこで、さきのカフェにもどって、そこのマダムの運転する車――この町にあるたった二台のタクシーのうちの一つ――をたのんで、八キロ離れたバザンタン・ド・プチ Bazantin de Petit へ行く。

村には人かげもない。メーリ・エコールと表札の出ている村長兼学校長の家で訊いて、すぐ横の道の突当たり、緑のなかに入っていくと、ラマルクの石像があった。台座には「ラマルク　一七四四―一八二九」とあり、原始人の男女が向き合い、男がきりを手でもんで火をおこしているさまが浮彫りになっていた。

ここで、彼の生涯を、軍人の時代、植物学者の時代、動物学者の時代、それと重なる進化論者の時代に分けて記そう。

軍人ラマルク

この時代のことについては、息子のオーギュストのキュヴィエ宛手紙に詳しいので、それによることにする。

ラマルクの父ジャック＝フィリップ＝モネ・シュヴァリエ・ド・ラマルクは、バザンタンの領主 Seigneur であった。ラマルクは一一人の兄弟の末弟として一七四四年八月一日に生まれた。兄たちは軍人に、彼は僧籍に入ることが、父によって決められた。この二つの道、スタンダールのいう「赤」と「黒」、つまり軍人と僧侶とが、貴族のとるべき道であった。ラマルクはアミアンのジェスイット派の学校に入ったが、兄たちと同様に軍人になりたかった。長兄はルイ十五世の小姓であった。その後、間もなく父が死んだので、軍人となる決心をし、その旨を母に告げた。初めは反対した母も、結局、同意し、歩兵部隊の隊長ラスチック宛のド・ラメス夫人の紹介状を持って、ブローイ将軍の軍隊を訪ねた。おりしも七年戦争は終りに近づいていた。軽い鞄を持ち、貧弱な馬にまたがり、護衛に母の飼う七面鳥の飼育番人を従者として、十六歳の彼は国境を越え、ドイツの前線のフランス軍野営地に着いた。それは一七六一年七月十五日のことで、ヴィリングハウゼンの戦いの前日であった。ラスチック隊長はラメス夫人の紹介状を読み、小さな身の丈の繊細な様子のこの貴族青年を寄越したことに当惑したが、ひとまずこの若者を自分のテントに入れ、食事を与え、彼になにができるか考えることにした。

隊長は忙しかった。伝令はとびまわり、明日早暁の会戦の手筈を決めねばならず、この若者にかまっている暇はなかった。夜中に隊長は本営に呼びつけられた。空が白むと、隊は前進を始めた。さきの若者が擲弾兵の第一中隊の先頭にいるのを見た隊長は、「何をしている！　ここは君の出る幕ではない。輜重隊についていけ！」と叫んだ。

しかし、あたりではいまにも戦闘が始まろうとしていて、もはや、うろうろすることはかえって危険であった。ラマルクは、何も怖れず、ただ栄光を夢みるのみであった。「連隊長、お役に立つためにここにいるのです。勇敢な兵士とともに進撃することをお許しください。恥ずかしくないふるまいをいたします」と答える彼の様子に隊長は満足し、若者をそのままにしておいた。

中隊は戦闘配置につき、大砲は轟き、戦闘が始まった。ここでは詳しくそのありさまを記す紙面はないが、彼のいた中隊の将校は全員斃れたので、兵士たちはラマルクを指揮官に選んだ。フランス軍は後退したが、本部は彼の中隊に退却命令を伝えることを忘れていた。ラスチック隊長がそれに気がつくまで、ラマルクの中隊は退却せずに頑張っていた。

ラスチック隊長は彼の勇敢さを賞でて、ブローイ将軍のもとに連れていったが、将軍もラマルクが気に入り、家柄のよいためもあったろう、士官に任命された。一七六三年、七年戦争も終わり、ラマルクは連隊とともに南フランスのプロヴァンスで五年勤め、ツーロンやモナコにも駐屯した。そのうち彼は慢性の病気にかかり、首にるいれきができた。これは軍医の手にはおえなかったので、治療のため退役して、パリにやって来た。そして名医トゥノンの手により耳下腺を切開し、膿を出して快癒した。

植物学者ラマルク

軍隊をやめたラマルクは、パリに出たものの、財産があるわけではなく、銀行の手代になったりしたが、これは自分の性に合わず、一年でやめた。そして相変わらず部屋代の安い屋根裏部屋に住んでいたが、ここからはパリの空がよく見えた。空に流れる雲を眺めて、いろいろの形のあることを知った彼は、それを九通りに分類して、それぞれに名をつけた。雲の分類学である。また気象学に興味をもち、それは晩年までつづいた。天気予報を初めて考えついたのもラマルクであったといわれる。化学にも興味をもったし、当時流行の貝殻の蒐集もした。

ラマルクが植物にとくにひかれるようになったのは、兵役中、フランス国内でも東部山岳地方や南フランスの海岸地方など、場所により植物がいろいろと異なることを知ってからで、彼は熱心に植物採集するようになった。休暇を得てバザンタンに帰ったときに彼は、大切にしていた楽譜——とくに声楽が好きであった——と交換に、兄からピエール＝ジャン＝バプチスト・ショメルの植物書をもらった。一七七二年には、医学校で講義を受けると同時に植物園のルモニエの講義も聴き、ベルナール・ド・ジュシュー、デフォンテーヌ、アンドレ・トゥアン（一七四七―一八二三）と知り合った。医学は四年間学んだが、植物・動物・鉱物の研究のほうが好きになり、とくにフランス全土の植物を調べて、『フランス植物誌』（一七七九）を書いて出版した。当時は、リンネの影響もあって、植物愛好家が多かった。

リンネの高弟となって、のちにリンネ父子のあとを継いでウプサラ大学教授となったカルル・ペーテル・ツュンベリー（一七四三―一八二八）が医学研究のためにパリに来たのは、一七七〇年のことであった。ツュンベリーは日本にまで足をのばし、『旅行記』（一七八八―九三）を出版したが、そのフランス訳本（一七九六）に同年配のラマルクは植物に関する註を入れている。

ジャン・ジャック・ルソーはパリ郊外で「孤独な散歩」をしていて、ときにはその植物採集に参加する人びともいた。ラマルクも、その一人であった。ルソーの植物採集会には奇妙な規則があって、ルソーに質問をしてはいけない、ルソーに注目してはいけない、というのである。そうでないとルソーは逃げ出して、みなを置き去りにするのである。それで参加者は、たがいに植物について質問しあった。それらのことがヒントになってラマルクは、『フランス植物誌』を書いた。

この著書でラマルクは、「分析法Méthode analytique」という、検索表Clef（Key）によって未知植物の名を容易に見出す方法をとっている。ラマルクのこの新しい試みや、とくにリンネの体系に対する批判は、リンネのライヴァルで体系を好まぬビュフォンの興味をひき、ビュフォンはこの著作を王立印刷局で印刷するようにし、金のないラマルクに無償で本を与えた。本の扉に「一七七八年」とあるが、実際の出版の日付は一年遅れの一七七九年であった。リンネの体系はとらなかったが、リンネの命名法をフランスで用いたのはラマルクが最初であった。

この本で植物学者ラマルクは名をあげ、科学アカデミーの門も開かれた。刊本はラテン語でなくてフランス語で書かれていたため、広く一般に読まれ、大成功であった。三巻のうちの第一巻は序説、本論は残りの二巻である。第一版は刊行年内に売り切れ、翌年には二刷が出た。一七九五年刊行の本は改訂せずに初版のままであったが、「第二版」とよばれた。

ラマルクは、一八〇二年、五十八歳のときに、オーギュスタン＝ピラム・ド・カンドルに出会う。若くして植物学で名をあげたこの二十四歳のド・カンドル青年に安心して同書の改訂をまかせ、第三巻は共著で全五巻（一八〇五）として出版された。ド・カンドルはアントワーヌ・ロラン・ド・ジュシューの体系をとりあげ、新知識を加えた。一八一五年には補遺を加え、全六巻として再刷された。

その検索表は、いまでは多くの植物分類学の本や論文に用いられているが、ラマルクの創始によるものであり、一般の人にも用いやすいものであった。ここでは、フランス国内の植物のみを扱っているが、そのような小範囲の植物誌に用いれば、とくにこの方法は有効である。同書では属への検索表が最初に来る。その初めは表6のようである。

表6のように、二分法で分かれていくが、八―八四に入るものにはサクラソウ科 Primulacées、ナス科 Solanées、ムラサキ科 Borraginées、リンドウ科 Gentianées、キキョウ科 Apocynées があり、八五―一六六にはゴマノハグサ科 Rhinanthacées と Personées、シソ科（唇形花科）Labiées がある。最後の数字は一一〇二である。六―二一〇までは合弁類 Monopétales、二一一―五〇八までは離弁類 Polypétales、五〇九―六九四までが不完全花類 Incomplètes、六九五―七九五が単性花類 Unisexuelles、七九六―八九八が集合花類 Conjointes、八九九―一一〇二が隠花植物類 Cryptogames である。隠花植物は藻類、菌類、菌の一類 Hypoxylons、地衣類、苔類、蘚類、羊歯類、デンジソウ類 Rhizospermes に分けている。次には、以上の一三二六属を種に分ける検索表がある（第三版による）。表7は、その第八〇四属のオトギリソウ属の例である。

ラマルクはまた、ジャン・ルイ・マリ・ド・ポアレ（一七五五―一八三四）との分担執

1	花あり、顕微鏡によらず雄しべと雌しべが見分けられる		2
	花なし、または不分明		899
2	花は独立、多くの花が共通の包葉に包まれていない		3
	花は集合、一つの（集合）萼または一般の包葉に包まれ、葯は合着		796
3	両性花、すなわち雄しべと雌しべを具えている		4
	単性花、すなわち雄しべしかない花あるいは雌しべしかない花		695
4	完全花、すなわち判然たる萼と花冠を具える		5
	不完全花、すなわち萼か花冠かのどちらかのみを有し、他を欠く		509
5	合弁花冠、すなわち一つの弁からなる		6
	離弁花冠、すなわち多数の弁からなる		211
6	子房は花冠から離れている		7
	子房は萼に着くか花冠の下にある		186
7	5雄しべ、またはより少数		8
	6雄しべ、またはより多数		167
8	花冠は放射相称、または大体同形		9
	花冠は左右相称、または対のない花冠、または距あり		85

表6　ラマルクによる属の検索表の最初の部分

DCCCIV Millepertuis（オトギリソウ）*Hypericum*（学名）

1	萼片は全縁	2
	萼片は鋸歯または繊毛あり	6
2	茎は四稜	3
	茎は円いまたは糸状	4
3	葉に明点（線）あり	M. tetragone(4571)
	葉に明点なし	M. douteux(4572)
4	茎は細く糸状、地にひろがる	M. couché(4573)
	茎は頑丈、直立、円柱形	5
5	葉は卵状長楕円形、葉に明点散在	M. perforé(4574)
	葉は披針形、はなはだ小、茎部は波状、明点なし	M. crépu(4575)
6	茎と葉はビロード状または綿状に小毛あり	7
	茎と葉は無毛	9
7	茎は直立、基部は硬い	8
	茎は軟弱、葉状、基部は匍う	M. des marais(4581)
8	茎は高さ1m、繊毛あり、葉は卵形、楕円形、ビロード状	M. velu(4579)
	茎は高さ20-30cm、特に基部に綿毛あり、葉は卵形、鈍頭、綿毛あり	M. cotonneux(4580)
9	葉は線形ならず、輪生せず	M. à feuilles de coris(4583)
	葉は線形ならず、輪生せず	10
10	葉は円形、小形、茎は軟弱、高さ9-15cm	M. nummulaire(4582)
	葉は卵状長楕円形、茎高く少なくとも20cm	11
11	茎の上方の節間は長い	M. montagne(4577)
	茎の節間は長さ異なる	12
12	葉辺は黒点を連ねる	M. frangé(4576)
	葉辺に黒点なし	M. élégant(4578)

表7　上の植物名の括弧内数字は第4巻に記されている種の番号で、そこに各種の原名、異名、くわしい記載がある。

上からのフランスの植物名を学名で記すと、*H. quadrangulum, H. dubium, H. humifusum, H. perforatum*（セイヨウオトギリソウ）、*H. crispum, H. elodes*（*Elodes palustris*）, *H. montanum, H. fimbriatum, H. pulchrum.*

る。

ラマルクのこの論文の報告者は、指名されても、みな沈黙を守った。原稿は日付を入れて受けとられ、幹事長により署名されて、そのまましまわれ、一三年後になって初めて出版された。しかしこの本も、注意して読めば、植物の光合成、倍数比例の法則などの先駆とも見られることが記されていて、けっして無価値なものではない。

ラマルクの科学アカデミーにおける位置は、準会員（一七七九）を振り出しに、正会員（一七八三）、年金会員（一七九〇）となっていった。ビュフォンは彼の本の印刷を世話したばかりでなく、アカデミーの選挙のときにはつねに彼を支持した。一七七九年、植物学部の席があいて二位の候補のラマルクが一位の候補のデスメを抜いて当選したのも、ビュフォンの力であった。

ビュフォンは、一七八一年、ラマルクに王室標本館 Cabinet du Roi の通信員 Correspondant の地位を与えた。また、あとを継がせたいと思っていた息子の見聞をひろげるために海外旅行に出したが、その監督としてラマルクを同行させた。ビュフォンの息子とラマルクは、オランダ、ドイツ、ハンガリーの大学、植物園、博物館を巡り、多くの標本を集め、また多くの学者に会った。ラマルクは、さらにイタリアに行く予定であったが、ビュフォンの息子が反対した。彼は傲慢で強情で見栄っぱりであった。同行されることを嫌い、一人になりたくて、ラマルクの外出着にインクをかけて一人で出かけていったりした。恩人ビュフォンの息子との衝突は彼の心に深い傷を与えたようで、後年、このことを人に話すとき、七十五歳の彼の声はふるえ、目には涙があった。

ラマルクの保護者ビュフォンは、フランス革命の前年の一七八八年に亡くなった。緊迫した社会情勢のもとでビュフォンの息子のおこなったあまりにも盛大な葬儀は人びとの反感を買った。ビュフォンの息子は、のちに断頭台に送られた。

ラマルクは職を失い、財産をつかいはたしていた。以前から彼を支持していたフローリー・ド・ラ・ビアルドリがビュフォンのあとを継いで園長となり、僅かながらラマルクに給料を与え、「王の植物学者 Botanist du Roi」とよばれる標本館の腊葉管理員 Garde des herbiers du Cabinet du Roi とした。

一七八九年のフランス革命で、財務委員会は標本館に付属する仕事を植物園の教授のもとに合一することに決めたため、ラマルクと鉱物管理員フォジャ・ド・サン＝フォンの職がまず廃止され、ラマルクの給料は出なくなってしまった。彼は二通の書類を国民公会に提出した。一つは、自分のこれまでになした仕事についての報告、一つは、将来計画書であった。もちろん、園の教授たちも王立植物園の生まれかわりとその存続を強く希望した。

動物学者・進化論者ラマルク

一七九一年に植物園長ラ・ビアルドリは罷免され、植物園の人びとはドーバントンを園長に推薦した。しかし内務大臣が七月一日に指名してきたのは、晩年のルソーとも親しかったベルナルダン・ド・サン・ピエールであった。

一七九二年、学術に理解のある有力者のジョセフ・ラカナル（一七六二—一八四五）は、国民公会に自然誌博物館 Muséum d'Histoire Naturelle の創立を提案して、認められた。設立の法令は一七九三年六月十日に発布された。

新設の博物館では、いままでの園長 Intendant の制度は廃止され、一二名の教授が任命されることになり、教授間の互選で毎年、館長 Directeur、書記と会計幹事を決めることとなった。分担は、動物解剖学にアントワーヌ＝ルイ＝フランソワ・メルトリュ、鉱物学にルイ＝ジャン＝マリ・ドーバントン、一般化学にアントワーヌ＝フランソワ・ド・フルクロア（一七五五—一八〇九）、植物学 Botanique au Muséum には一七六八年にルネ＝ルイシュ・デフォンテーヌ（一七五〇—一八三三）、野外植物学 Botanique dans la campagne にアントワーヌ・ロラン・ド・ジュシュー、四足獣・鳥類・爬虫類・魚類にエチエンヌ・ド・アントワーヌ＝ルイ・ラセペード、化学技術にアントワーヌ＝ルイ・ブロンニャール、人体解剖学にアントワーヌ・ポルタル、地質学にフォジャ・ド・サン＝フォン、植物栽培学にアンドレ・トゥアン、絵画 Iconographie にジェラール・ファン・スペンドンク（一七四六—一八二二）、昆虫と蠕虫がラマルクであった。彼は貝類を研究したことがあったので、この役目を引き受けたのである。

図30　1793年に新設された国立自然誌博物館の紋章（画家スペンドンクによる）　革命帽子をはさんでブドウとコムギの植物、下方にミツバチの巣と蛇、貝の動物、そして鉱物を描く。革命後、使用されなくなったが、1950年以後ふたたび用いられるようになった。

ラセペードは病気で保養地に行き、ジョフロア・サン＝チレールがそれを引き継いだ。また一八〇二年にキュヴィエがメルトリュに代り、担当の名も比較解剖学となった。ドーバントンは一七九九年十二月三十一日に亡くなったから、一八〇〇年にドロミウが代り、すぐ一八〇二年に専門家のルネ・アユイがその席についた。ドーバントンはラマルクと共に率先して博物館の設立に努力し、選挙による初代館長（一七九三―九四、一七九六―九七）をつとめた。植物園内の小高いラビリントの丘の林のなかに素朴な墓がひっそりと建っている。人の倍ほどの高さのある円柱には「ドーバントン　一七一六―一八〇〇《（ママ）》」と刻まれている。動物の分類学は植物分類学に比して研究が遅れていた。植物学のほうが、薬学の面をもっていて、医者の必ず学ぶものであったからである。

リンネの動物の分類は次のようであった。

Ⅰ　心臓は二心室二心耳、血液は温かく赤色

1 胎生……哺乳類 Mammalia
2 卵生……鳥類 Aves
Ⅱ 心臓は一心室一心耳、血液は冷たく赤色
3 肺呼吸……両生類 Amphibia
4 鰓呼吸……魚類 Pisces
Ⅲ 心臓は一心室、心耳なし、血液は冷たく無色
5 触角あり……昆虫類 Insecta
6 触手あり……蠕虫類 Vermes

ここで両生類は爬虫類も含んでいる。

この分類表で見ると、博物館ではⅠとⅡがラセペード、Ⅲがラマルクの担当となったのである。

ラマルクは昆虫類と蠕虫類をいっしょにして「無脊椎動物」、ⅠとⅡとをまとめて「脊椎動物」と名づけた。無脊椎動物の標本は王室標本館の時から多数集まっていたが、ほとんど手を着ける人がなかった。ラマルクは一七九六年四月三十日に講義を始めた。それにしだいに手を加えて、『無脊椎動物の体系』(一八〇一)として出したが、これは晩年まで執筆した『無脊椎動物の自然誌』(一八一五―二二)七巻へと発展した。

ラマルクは『自然の体系』八巻を出版する計画を立てた。しかしそのような大部の出版物に対する国家予算はなく、その一部として書いた『水理地質学』(一八〇二)のみが出版された。この本で彼は、地表を流れる水の影響は僅かな変化をもたらすが、積もり積もって、深い谷、広い平野をつくるという「斉一説 Uniformitarianism」の考えをとった。これはキュヴィエの「天変地変説 Catastrophism」に対するものであった。この思想がフランスを訪れた地質学者チャールズ・ライエル(一七九七—一八七五)に伝わり、ライエルの『地質学原理』(一八三〇—三三)がチャールズ・ダーウィン(一八〇九—八二)に深い影響を与えたとすれば、ラマルクのダーウィンへの影響は、ダーウィンが考える以上に深いものがあるだろう。

ラマルクの『水理地質学』は、水の生物体への影響についても述べているが、注目すべきはこの書物のなかで初めて「生物学 Biologie」の語がつくられたことである。動物と植物とは一つにまとめられて、「生物 Êtres organiques」となり、これは鉱物の「無生物 Êtres inorganiques」とは判然と分けられ、リンネの自然三界とは異なる見方をしている。ラマルクは植物学・動物学を究め、その原理を探究し、生物として統一した見方をもった。この意味でラマルクを「近代生物学の父」とよんでもよいと思う。ラマルクは、はっきりと、動物も植物も同じ起原、生命の誕生に発していると見る。そこに進化論がある。ラマルクは『生物学』という書物を書くつもりであった。しかし、そのために集めた材料で

『動物哲学』を書き、だから、もう『生物学』は出版しないつもりだと述べている。

ラマルク以前に本格的に進化を述べた人はいない。多くの先駆者の名を述べることはできても、種の概念の確立以前、すなわちリンネ以前のものは問題にはならない。

進化論についてのラマルクの公けの表明は、一八〇〇年、無脊椎動物の講義のときといわれる。自然は最も単純な動物と植物とを形成し、それが環境によって多種多様に進化してきた。環境の作用は植物には直接的であるが、動物ではまず動物自体の状態を変え、新しい欲求を生じさせる。それが新しい習性を生み、その習性はある器官・ある部分をいままでよりより多く用いて、それを強めるのである。クロード・ベルナール(一八一三―七八)は外部環境に対し内部環境を論じて有名であるが、その考えはすでにラマルクによって述べられている。

ラマルクの進化論は『動物哲学』にはっきりと述べられている。その標題の全部を記せば、『動物哲学、すなわち動物の自然誌に関する考察の叙述、動物が得た体制と機能の多様性、動物に生命を保持せしめ、その運動を起こさせている理学的原因、次いで、あるものには感覚を、他のものには知性を生ぜしめている理学的原因、それらに関する考察の叙述』というものである。ラマルクの進化論は、その第一部に余すところなく記されている。彼は進化の機構を二つの法則に要約している。

第一法則　まだ発育途上にあるあらゆる動物では、どれかある器官をいままでより頻繁に、また持続して使用すると、この器官は少しずつ強められ、発達し、大きくさせられる。そしてそれは使用の継続期間に比例する。他方において、ある器官の使用をいつもやめていると、その器官はいつとはなしに弱められ、役立たなくなり、その機能はしだいに減少し、ついには器官が消失してしまう。

第二法則　その種族が長いあいださらされてきた環境の影響によって、自然が個体に獲得させ、また消失させたすべての変化は、それが雌雄、すなわち新しい個体を生じるものに共通しているならば、これからできる新しい個体に代々保持されていく。

のちの人は、第一法則を「用不用説」、第二法則を「獲得形質遺伝説」といった。第二法則は、生物個体が一生のうちに獲得した形質が遺伝するというもので、当時はむしろ当然と思われた。ダーウィンもこの点は暗に認めている。

彼も五〇年後のダーウィンと同じように、無脊椎動物の種の変異性に悩まされて、進化論を考えたが、しかしそれよりも大きな原因となったのは、無脊椎動物がひじょうに異なった群を含み、これを整理しなければならなかったからである。体制のひじょうに簡単な原生動物（滴虫類）から複雑なタコやイカの類（軟体類）に至るまで無脊椎動物は四段階一〇綱に、脊椎動物は二段階四綱と、さまざまの段階があり、これらはしだいに進化していったとしか考えられなかったからである。それは、環境に対する神経系の発達の度合いがしだいに著しくなっていくことを示しているのである。*最も簡単な生物は自然発生によって生じたものであり、一方において人は四手類（猿や類人猿）の仲間から進化によって生じたと疑わなかった。このような彼の進化論を理解するのには、半世紀も一世紀も時を経なければならなかった。

＊ ラマルクは脊椎動物の四綱（哺乳、鳥、爬虫、魚）に対し、無脊椎動物を一〇綱に分けた。すなわち、滴中綱《てきちゅう》（原生動物などの小動物）、ヒドラ綱（海綿動物を含む）、放射綱（クラゲやヒトデの類）、蠕虫綱《ぜんちゅう》（扁形動物や線形動物）、昆虫綱、クモ綱、甲殻綱、環虫綱（ミミズなど）、蔓脚綱《まんきゃく》（現在は節足動物甲殻類の一綱）、軟体動物綱の一〇綱である。現在では分類単位の大分けを門 phylum といい、門を分けて綱とする。そして全動物は一般的に二二門ぐらいに分けるが、そのうち僅か一門が脊椎動物で、他の二一門は無脊椎動物である。このことから見て、ラマルクの分類は当時として画期的なものであり、妥当な変革の方向といえる。

学界を牛耳っていたキュヴィエはラマルクの進化論に真っ向から反対し、種は初めから存在するという創造説をとり、化石を天変地変説によって説明した。ジョフロア・サン＝チレールは進化を認めたが、奇形が進化の原因であり、進化論をとくに重要な考えとは思わなかった。ラマルクの進化論を正当に評価できる人は、当時どこにもいなかったのである。

一八〇九年、新進の物理学者ドミニク＝フランソア・アラゴー（一七八六―一八五三）

は、選ばれたばかりの科学アカデミー会員だった。ナポレオンはチュイルリ宮殿で公共団体の人たちの挨拶をうけていた。アラゴーは当時を回想していう。

「その人は新入りの会員ではなく、すでに立派な重要な発見によって知られたナチュラリストだった。それはラマルク氏だった。この老人は、ナポレオンにその著書を贈呈した。『これは何かね』とナポレオンはいった。『これはまた君のおかしな気象学年報かね、それは君の晩年の名声を落とすものだよ。しかし君の白髪に免じて受けとろう』そういって本をとるや、『ほら』と、彼はこの本を副官に渡した。あわれなラマルクは、この荒々しい暴君に弁護のことばを試みたが、無駄だった。『わたしが贈呈いたしますのは、自然誌に関する本でございます』弱々しいことばは涙にかき消されてしまった」(『アラゴー回想録』)

ラマルクがナポレオンに贈呈したのは、出版されたばかりの『動物哲学』だったのである。

キュヴィエとジョフロア・サン＝チレールの論争

ジョフロア・サン＝チレールの活躍

J・P・エッカーマンの『ゲーテとの対話』の一八三〇年八月二日月曜の記事は、冒頭、次のように記されている。

「フランスの七月革命勃発の報知が今日ワイマールに達し、誰も彼もが興奮の中にあった。私は午後になってゲーテのところへ行った。『さて』と彼は私に向って叫んだ。『君はこの大事件をどう考えるか。火山は爆発している。いっさいは炎の中にある。そして、もはや、密室の談義ではない』『怖ろしい話です』と私は答えた。『しかしながら、これまでにわかった情勢から見ますと、ああした内閣では、従来の王家を追放する以外の解決は望まれないでしょう』『君、君、どうもわれわれの話はくいちがっているようだ。

図31　ゲーテ（右）とエッカーマン

私はあの革命の連中のことなどいっているのではない。私が話しているのはまるで別のことだ。キュヴィエとジョフロア・ド・サン＝ティレールとの間のきわめて重大な科学論争がアカデミーの公けの席で突発したことを言っているのだ』

　このゲーテの言葉は、私には非常に意外であったので、なんと言っていいかわからず、数分間、私の思考はすっかり停止したように感じられた」（神保光太郎訳）

　ジョルジュ・キュヴィエ（一七六九—一八三二　図32）とエチエンヌ・ジョフロア・サン＝チレール（一七七二—一八四四　図33）とのフランス科学アカデミーでの論争は一八三〇年二月十五日に端を発し、のちのちまで尾を引いて、キュヴィエの死までつづくのである。従来の慣習とは異なり、その討論は公開であった。これを聴く公衆は熱狂し、ジャーナリストは深い関心を示した。『討論雑誌』はキュヴィエの文を載せ、ジョフロア・サン＝チレールの文も載せると予告したものの、それが出なかったので、キュヴィエに味方をした形となった。新聞の『時局』の三月五日号、『国民』の三月二十二日号はジョフロア・サン＝チレールに味方する趣旨の文章を載せた。これがドイツの新聞にも紹介され、ゲーテを熱狂させたのである。

ジョフロアはパリ近くのエタンプ Étampes という小さな町に一七七二年四月十五日に生まれた。父は町の裁判所の検事になり、やがて判事になった。一四人の子どものうち七番目に生まれたのがエチエンヌ・ジョフロアで、のちに洗礼名のサン＝チレールを姓につけた。先祖に有名な学者のエチエンヌ＝フランソア・ジョフロアがいて、その名とまぎらわしかったからかもしれない。エチエンヌ・ジョフロアは科学アカデミー会員・薬局長・薬学博士・薬学部長で、コレージュ・ド・フランスの医学教授、また一七一二年から三〇年にかけて王立植物園の化学の教授であった。その兄弟のクロード＝ジョセフも科学アカデミーの会員で、化学者・薬局長であった。

ジョフロア・サン＝チレールは幼いときから知力と想像力にすぐれ、学問への情熱をもっていた。エタンプの著名な農学者A・H・テシエ師に自然誌を学んだという。両親はジョフロアが僧侶となることを望んだので、一七八七年、チュイルリの教会でタルブ司教のもとに剃髪式を受けて聖職者となった。その翌年、給費を受けて、パリのコレージュ・ド・ナヴァールに入った。そこは、現在、エコール・ポリテクニクの敷地の一部になっている。

図32　キュヴィエ

図33　エチエンヌ・ジョフロア・サン=チレール

ジョフロア・サン=チレールは法学を修得し、両親の願いに反して、宗教界に入ることはやめてしまった。この学校には物理学者ブリソンや植物学者ベルナール・ド・ジュシューが教えていたので、彼は自然科学を熱心に学ぶようになり、結局、法曹界に入ることもやめてしまった。やがてコレージュ・デュ・カルディナール・ルモアーヌで学んだ。そこで彼に大きな影響を与えたのは、言語学者で植物好きのローモンと、その親友で鉱物学者のルネ=ジュスト・アユイ(一七四三―一八二二)であった。アユイはたびたびジョフロア・サン=チレールを王立植物園に連れていったので、植物を学ぶ機会に恵まれた。またジョフロア・サン=チレールはコレージュ・ド・フランスのドーバントンの鉱物学の講義も聴いた。

アユイの『結晶構造試論』の論文は、結晶構造の数学的理論の基礎となった。彼はカルディナール・ルモアーヌの研究室でたびたび結晶学についての会合を催したが、ジョフロア・サン＝チレールもそれに出席し、一七九二年の五月の会合におけるアカデミー会員についての次の観察ノートを残している。

○アントワーヌ＝ロラン・ラヴォアジエ　つねに思索を深めながら問題点を質問する。

○ジョセフ・ルイ・ラグランジュ（一七三六―一八一三）考えこみ、ときどきわたしにはまだわからないという。

○ピエール＝シモン・ラプラス（一七四九―一八二七）権威をもって教示を与え、細心である。

○アントワーヌ＝フランソア・ド・フルクロア　「よくわからない」といいながら、述べられた原理の結末を雄弁に発展させる。

○クロード＝ルイ・ベルトレ（一七四八―一八二二）純粋な親切な気持から反対をとなえてみる。

一七九二年八月十日、チュイルリの宮殿にマルセーユ連盟兵がなだれこみ、八月十三日、国王一族はタンプル塔に幽閉された。その前日の十二日、アユイも、教えていたコレージュ・ド・ナヴァールとカルディナール・ルモアーヌの多数の僧侶とともに捕えられ、幽閉された。ジョフロア・サン＝チレールは驚いて、アユイの同僚やドーバントンに急を告げ、主としてローモンの尽力でアユイは助け出された。ジョフロア・サン＝チレールは、残っている数人の自分の師に当たる僧を助けるため、監獄官の身分証明書を手に入れ、バッジを胸につけて牢獄のなかに入りこみ、自分に従って逃れ出るようにと誘ったが、彼らは、入獄している他の聖職者が報復されることを怖れて、ついて来なかった。それでやむなく別の手だてを考えて、その晩、壁にはしごをかけ、一二人の聖職者たちをすべて逃がすことができた。

九月の大虐殺のあった二日後に、ジョフロア・サン＝チレールは、故郷のエタンプの家族のもとに帰ったが、精神的緊張のあまり病気に倒れ、病が癒えてパリにもどったのは、その年の暮れになってからであった。

ある工員が、ドーバントンに叱責されたことを恨んで、非公民的だと訴えたときも、ジョフロア・サン＝チレールの尽力によって、問題は解決された。アユイとドーバントンはジョフロア・サン＝チレールに心から感謝した。この二人の懇望により、王立植物園長ベルナルダン・ド・サン・ピエールは、ジョフロア・サン＝チレールに、標本館の管理員および助講師 Garde et sousdémonstrateur du Cabinet d'Histoire Naturelle du Roi の地位を与えた。この地位は、革命騒ぎでパリを離れて身を隠したラセペードのものであった。

ラカナルやドーバントンの活躍で、王立植物園は一七九三年に国立自然誌博物館として再開され、全部で一二人の教授の席が設けられた。フルクロアがパラスを推して反対したのみで、ジョフロア・サン＝チレールは、ドーバントンとラカナルの推薦で選ばれた。すなわち、弱冠二十一歳、しかも鉱物学者・植物学者であったにもかかわらず、これまた植物学者のラマルクと並んで動物学の教授となることに決まったのである。それはもちろん、一七八四年いらい動物学を担当していたラセペードの同意の上であった。七月にラセペードが博物館に帰ってきてから、動物学の講座を分けて、四足獣・鳥類をジョフロア・サン＝チレールが、爬虫類・魚類をラセペードが受け持ち、昆虫類・蠕虫類の講座を新設してラマルクが担当したのである。

ジョフロア・サン＝チレールは翌年五月六日に哺乳類についての最初の講義をしているから、教授になってからは集中的にその勉強をはじめていたのであろう。しかし、静かに学問に打ち込んでばかりいたわけではない。一七九三年十一月にパリ・コンミューン Commune de Paris は、動物の見せ物は道路交通の邪魔となり、猛獣ともなれば危険だからとして、公共の場所における興行を禁じ、法令により警官がこれを取り締る一方、植物園に野生動物を集結させるように決めた。動物の持ち主は、たぶん、これに対して賠償を求めるだろうと考えた検事総長は、国立である植物園に対し、この動物を引き受け、金を支払ったうえで飼育すべきであると定めた。

この不意の出来事に対して、動物学担当で動物の標本管理者のジョフロア・サン＝チレールは対策に追いまわされ、革命後の初代園長のドーバントンの同意を得て、園の一隅に檻を設けてそこへ動物を入れ、持ち主の一部の人に管理を頼むことにした。

シロクマ二匹、ヒョウ、ジャコウネコ、アライグマが一匹ずつ、二羽のハゲタカとワシがいたが、多くはサル類で、その価格は全部で三三〇〇フランであった。これが、現在、植物園の一画にあるメナジュリ Ménagerie（飼育場とか動物の見せ物の意）の始まりである。

かつてビュフォン園長は、ヴェルサイユにある王のメナジュリのサイやライオンなどを植物園に移すことを望んでいたが、それをいい出せなかったし、ベルナルダン・ド・サン・ピエール園長も、動乱の時代にそれを要請したのだが、実現しなかったものであった。植物園内の動物園は、いまでも「メナジュリ」とよばれて、パリの市民に親しまれているが、それはこのような思いもかけぬことから創立されたのである。その後、ヴェルサイユやオルレアン公に属するメナジュリの動物も加えられて、一七九九年にはそのための法律も出来、国家予算もつくようになった。

ナポレオン一世治世下の一八〇四年から一二年に、動物を収容する「ロトンド（円屋根円形劇場）」とよばれる建物が、レジョン・ドヌール勲章に似せてつくられたが、それは現在もメナジュリの中央に存在している。メナジュリが確立すると、アルジェリアの太守からライオンが、モロッコからヒョウ、カモシカの類が贈られた。なかでもエジプトのパ

図34　植物園に到着したキリン

シアからのキリンは大評判となった。この十歳のキリンは、乳を与えるための三匹の牝牛とともにアレクサンドリア港を出て、マルセーユに上陸し、四人のアラビア人の世話役とともに、ジョフロア・サン＝チレールの監督のもとに、徒歩で途中の都市を巡りながら、一八二七年六月、パリに無事到着した（図34）。その人気で、植物園は民衆の関心の的となった。このことがきっかけとなって、国費によって同博物館に鉱物陳列館が建設され（一八三二）、セーヌ河岸とキュヴィエ街にはさまれた一画を買ってメナジュリの敷地の拡張（一八三三―三六）や、植物陳列館とサル園の建設が可能となった（一八三五―三七）。比較生理学講座（一八三七）、自然誌のための物理学講座（一八三八）も新設され、前者はキュヴィエの弟アントワーヌ＝セザール・フレデリック・キュヴィエ（一七七三―一八三八）が、後者はエコール・ポリテクニク出のベクレルが担当した。

フレデリック担当の比較生理学の講座は、実際は動物園管理のための名目にすぎなかった。フレデリックは兄ジョルジュを継いでフランス教育界に大きな足跡を残した人である。一八七八年、アントワーヌ＝セザール・ベクレルを継いだのがアレクサンドル・エドモン・ベクレル、一八九二年にそのあとを継いだのがアンリ・ベクレル（一八五二―一九〇八）である。もとキュヴィエが住んでいた植物園内の教授宅で生まれたアンリが、同じ植物園内の彼の研究室で放射線を発見し、キューリー夫妻とともにノーベル賞（一九〇三）を受けたことはあまりにも有名である。

キュヴィエの活躍

ジョフロア・サン＝チレールは、かつて学んだことのあるテシエ神父から、キュヴィエを推薦する手紙を受け取ると、早速キュヴィエに手紙を書いて、パリに来て動物学の共同研究をするよう申し入れた。一七九五年、キュヴィエはパリに出て、新設のパンテオン中央学院 L'École Centrale du Panthéon の自然科学の教授となり、またジョフロア・サン＝チレールと動物学を共同研究し、いくつかの論文を共著で発表した。一時はジョフロアのところに住み、食事もともにした。

キュヴィエはジョフロア・サン＝チレールよりも三歳年が上で、一七六九年、北部ジュラ地方のモンベリアールに生まれた。この地の住民のことばはフランス語であるが、革命まではヴュルテンベルグ公領に属し、十七世紀いらいルーテル派の新教徒が多かった。キュヴィエが正式にフランス市民となったのは一七九三年の革命のときである。父は退役軍人だった。母は彼がルーテル派の聖職者となることを望んだ。キュヴィエは体が弱かったが、早熟の才をもち、記憶にすぐれていた。叔父のもつビュフォン『自然誌』を愛読し、その挿絵、とくに鳥の絵を模写し、また動植物を採集した。一般の教育を終えたとき、彼の才能はヴュルテンベルグ公に認められ、公領の主都シュトゥットガルト大学のアカデミー・カロリンに学ぶこととなった。ここには法学・医学・行政学・兵学・商学の五学部があったが、彼は行政学を学んだ。のちにフランスの教育行政にたずさわるのは、ここにも因縁があるだろう。大学では二十歳のカルル・フリードリヒ・キールマイヤー（一七六五―一八四四）が動物学を講じていて、キュヴィエに解剖学を手ほどきした。

このアカデミーで一七八四年から一七八八年まで学んだが、卒業後、経済的な理由からすぐにノルマンディの新教徒で富裕な伯爵の十三歳になる息子の家庭教師を務めた。ノルマンディ海岸で海産動物、とくに貝類を観察した。冬には近くのカンCaenの植物園のなかの図書室で文献を調べた。パリでの革命騒ぎに妨げられず、この六年間に彼はリンネ流の学問を身につけた。

一七九四年、二十五歳のキュヴィエは、教え子の教育が終わったので自由となり、伯爵の城の近くの町ヴァルモンValmontのクラブの秘書となった。革命にあたりフランス各地でできたこのようなクラブは住民のすべての話合いの中心であった。土地柄もあって、主として農業が話題の中心だった。ここヴァルモンには、ドーバントンの弟子のテシエ神父が恐怖政治を避けて病院の医師となって来ていた。クラブでキュヴィエは、テシエが『百科全書』の「農業」の項の執筆者であることを見抜き、一方、テシエもキュヴィエの才を知って、パリに出ることをすすめ、パリにいる自分の友人のアントワーヌ・ロラン・ド・ジュシューやジョフロア・サン＝チレールに紹介の手紙を書いた。このことがキュヴィエの将来を決定したのである。

キュヴィエがパリに出た一七九五年の暮れに、ナポレオンはイタリア遠征軍司令官となり、翌年春にイタリアでの戦いで奇蹟的な連戦連勝をした。一七九八年の春、政府はナポレオンにエジプト遠征の許可を与えた。五月十九日、三五〇隻の軍艦はツーロン港を出航し、マルタ島を占領したのち、七月一日にはアレクサンドリアに到着、ただちにこの港を占領し、カイロを攻めて二十四日にはそこに入城した。

ナポレオンはこのエジプト遠征にあたり、二〇〇人の学者、作家、技術家を同行した。申し出を受けてジョフロアは遠征に喜んで参加したが、キュヴィエは断わった。ナポレオンのエジプト遠征軍を海上に取り逃がしたネルソン提督の率いるイギリス艦隊は、アレクサンドリア近くに碇泊するフランス艦隊を襲って、これをほとんど全滅させ、ナポレオン軍はエジプトに閉じ込められた。八月、ナポレオンは僅か五〇〇人の兵とともに四隻の船で密かにアレクサンドリア港を脱出し、フランスへ帰ってしまった。多数の将兵とともに多くの学者がエジプトにとり残された。しばしば命の危険があったにもかかわらず、ジョフロア・サン＝チレールは、ナイル河をアスワンまでさかのぼり、動物を研究した。そして、フランスへもどれたのは英仏休戦の後、一八〇一年であった。

フランスの輝かしいエジプト学は、このエジプト残留学者の賜《たまもの》であった。ジョフロア・サン＝チレールは多くの動物標本を確保して帰ってきた。彼が持ち帰った動物のミイラは、現存の動物と変わっていないことがわかった。キュヴィエは、のちにこれを進化論を否定する証拠としたが、ラマルクは、三〇〇〇年といっても地質学時代の長さに較べれば寸時にすぎないと主張した。ジョフロア・サン＝チレールはラマルク説とは異なるものの、種は時とともに簡単なものから複雑なものへと変わるとし、進化を認めた。

ジョフロア・サン＝チレールのエジプト旅行のあいだに、キュヴィエは、だれの目にもフランスの指導的科学者と映っていた。一八〇〇年に国立自然誌博物館の年老いたメルトリュ教授の代理で動物学を講じ、またドーバントンの死によりコレージュ・ド・フランスの一般自然誌の講義を受け持ち、一八〇二年、メルトリュの死で講座の名を比較解剖学として国立自然誌博物館の教授となった。

キュヴィエは一七九六年にアカデミー会員となり、ナポレオンの戴冠式のあった一八〇四年には天文学者ジャン＝バプチスト・ジョセフ・ドランブル（一七四九—一八二二）とともに新制度の科学アカデミーの常任秘書 Secrétaire perpétuel として、学界第一の実力者となった。ジョフロア・サン＝チレールがアカデミー会員となったのは一八〇七年である。一八〇八年、キュヴィエはナポレオンによる新しい教育制度のもとにフランス大学制度顧問となり、一八一三年に国家顧問、一八一七年には内務省の総裁と、高位高官に昇っていった。その後の政界の変動にかかわらず、彼の政治生活は安穏であった。

比較解剖学は、ルーブル宮の柱廊を造った建築家であり解剖学者であったクロード・ペロー（一六一三—一八八）によって盛んとなり、フェリックス・ヴィック・ダジール（一七四八—九四）が展開した。ヴィック・ダジールはノルマンディのヴァローニュ Valognes の出で、近くのカン大学で学び、七年戦役後の一七六五年、パリに出て、解剖学と生理学を修めた。師のドーバントンの姪と結婚し、一七七四年、科学アカデミー会員、一七七六年に新設の王立医学協会の初代常任秘書、一七八八年にビュフォンの後任としてフランス・アカデミー会員、同年、マリー・アントワネットや、のちのシャルル十世の侍医となった。

ドーバントンは多くの動物を解剖したが、肺・胃・腸・心臓など臓器の記述に重きを置いた。筋肉・神経・血管・骨格を比較解剖学の点から研究したのは植物園の代理教授となったヴィック・ダジールであった。とくに人間をふくめての四足獣の四肢の比較や、脊髄神経系の比較研究においてすぐれていた。アリストテレスからビュフォンに至る伝統的な考え、解剖学と生理学が密接であるとの考えをヴィック・ダジールは具体的に示した。

ヴィック・ダジールの比較解剖学の考えをさらに発展させたのが、キュヴィエでありジョフロア・サン＝チレールであった。一七八六年にヴィック・ダジールの『解剖学と生理学について』が刊行されたが、それから一〇年たった一七九五年には、キュヴィエとジョフロア・サン＝チレールの共著論文「哺乳動物の新体系とそのための原理について」が書かれた。ジョフロア・サン＝チレールが植物園標本館の骨格標本の整理を始め、カタログをつくるために、キュヴィエの助力を得て始めた研究の結果だった。ほかにも、同年、メガネザル、またオランウータンについての論文を共著で発表しているが、共著はこの年のみで終わった。二人の比較解剖学の考え方が根本で相違していることがしだいにわかったのである。

ジョフロア・サン＝チレールはすでに、一七九七年にキツネザルについての論文で述べているが、一八〇七年に魚類・鳥類・爬虫類の解剖学で、これらを哺乳類と比較して全動物にわたる構造のプランの統一性 Unité de plan de l'organisation animal（または Unité de plan de composition）の考えをもった。そして、これをくわしく『解剖哲学』（一八一八）で論じた。動物は、たとえさまざまに異なった形をしていても、一つのプラン、一つの型に帰せられるというのである。全動物には同一部分が同じ順序で配列されている。これを彼は「類似の説 Théorie des analogue」とよんだ。動物の構造に一つの型が見られないとするのは、ある部分は大きく、ある部分は小さくなり、極端な場合はその部分が欠けるためだが、各器官・各構造の相互位置は変わらないから各部分を比較できるし、一つの型に結びつけることができる。この相互位置の一定の法則を「結合一定の法則 Principe des connexions」という。同じ素材、同じ配置で、いろいろの動物があるが、一つの器官が拡大すれば、他の器官は縮小するという「平衡の法則 Loi de balancement」があるため、一見して異なって見えるのであるという。

なお、文豪バルザックは、その傑作『ゴリオ爺さん』に、「偉大にして高名なジョフロア・サン＝チレールに、その仕事、その天分を讃美して、この書を捧ぐ」と記している。ジョフロア・サン＝チレールはまた、奇形学 Tératologie の創始者ともいわれる。一八二一年から一〇年間にわたってこの方面の研究をしたが、おそらく彼の子のイシドール・ジョフロア・サン＝チレールにゆだねるためであろう、一八三〇年以降はその研究はやめてしまった。

ジョフロア・サン＝チレールは実験発生学についても研究した。動物の発生を見れば、彼のいうプランの統一性も追跡できる。彼はまた奇形は動物の胚の一部の発生が途中でとまることによっておこるものとした。ジョフロア・サン＝チレールはラマルクのいう進化は認めたが、その進化の機構は奇形によるものと考えたのである。

植物園における解剖学講座は、一七二七年、ジャック＝フランソワ＝マリ・デュヴェルネに始まり、一七四八年、アントワーヌ・メルトリュ、一七六四年、ジャン＝クロード・メルトリュが引き継いだ。人体解剖学は医科大学で研究されるようになったからであろう、ジャン＝クロードの子アントワーヌ＝ルイ＝フランソワがこれを継ぎ、一七九三年、動物解剖学と名が変わった。さらに一八〇二年、比較解剖学と名を変えてキュヴィエが担当した。

キュヴィエの『動物自然誌要綱』(一七九八)は良書として普及し、ヨーロッパ各国に翻訳されて、彼の名声を高めた。キュヴィエは分類学の原理として、アントワーヌ・ロラン・ド・ジュシューが植物分類にとった「形質順位の法則」をとるべきだとして、動物分類体系では循環器と神経系の形質をとり、「虫 Vers とよばれる動物の内外の構造、その類似性について」の論文では次のように無脊椎動物を分類した。

第一綱　心臓と脳をもつ　軟体類 Mollusques
第二綱　心臓と脊髄をもつ　甲殻類 Crustacés
第三綱と第四綱　背面の血管と脊髄をもつ　昆虫類(有膜) Insectes と蠕虫(無膜) Vers
第五綱　脊髄なし　棘皮類 Echinodermes
第六綱　血管も脊髄もなし　植物的動物類 Zoophytes

一八一二年の「動物界の綱設立の新検討」の論文では、以上の体系を変更して、第二、三、四綱および第五、六綱をそれぞれ合して全動物を四つの上綱 ordre supérieur または門 embranchements に分ける。すなわち脊椎動物 Vertèbres、軟体動物 Mollusques、関節動物 Articulé、植物的動物 Zoophytes または放射動物 Rayonnés で、これら四群の動物の体の構造はたがいに越えることができない異なったタイプ Type から成り立っていることを述べた。

ジョフロア・サン＝チレールは、プランの統一性の考えを無脊椎動物にひろげた論文「昆虫の構造についての考察」を科学アカデミーで朗読した。これは、昆虫類や甲殻類も脊椎動物と同様の構造をもつものであり、ただ骨を体の外側にもつものとした。これはフランソア・クロード・ベルナールの先生に当たるマジャンディ（一七八三―一八五五）はじめ多くの実証的な人からの反論をまき起こした。キュヴィエも、私的な発言として、ジョフロア・サン＝チレールの論文は終始、論理を欠き、昆虫と脊椎動物とはともに動物であるということだけで、他に共通点はぜんぜんないと論じた。これに対してジョフロア・サン＝チレールは、公開の論文で反論を求めたが、キュヴィエは『自然科学辞典』（一八二五）のなかで、「自然は神の創造によるものでわれわれは観察によってのみ、法則を見出し得る。（ボネのいう）自然物の階梯も（ジョフロア・サン＝チレールのいう）プランの一致性も必要をみとめることはできない」とし、一八二八年の彼の『魚類誌』にもそのことを述べた。二人の心のなかにはたがいに譲れぬものがあって、この気持が一八三〇年のゲーテのいう火山の爆発となって公開の席での対決となったのである。

アカデミー論争

ローランセとメイランは一八二三年に「魚類と比較した腹足類の外部構造について」という論文をアカデミーに提出したが、一八二九年の十月に、「軟体動物の構造についての諸考察」と題した新たな論文を提出した。長いあいだ返事がないので、アカデミー総裁にこの論文審査を早急に願ったため、ラトレイユとジョフロア・サン＝チレールが担当者に決められた。論文は三〇〇図をふくむ立派な業績で、その考え方はジョフロア・サン＝チレールの考えに合致したものであった。この論文では頭足類のイカ *Sepia officinalis* を解剖して、脊椎動物の体を前方に二つに折りまげ、手と足とが揃うようにすれば、脊椎動物の各器官と比較してたがいに器官の位置が対応しているとし、類似点を示したものである。

ジョフロア・サン＝チレールはこれを好もしい論文と見、著者らとともにイカを解剖して確かめたうえで、二月十五日の科学アカデミーで、この論文の報告書を読んだ。それは、ローランセとメイランの主旨をさらに強調、強化するものだった。その報告のなかで、イカやタコの属する頭足類の構造を述べた後に付け加えて、キュヴィエの頭足類の解剖の論文（一八一七）を批判して、次のように述べた。

「十九世紀の初めにあたり、これとまったく反対の考えが出てきて、頭足類が他の動物と異なった点を並べ、これが脊椎動物に似た点は少しもないといわれた。そしてこの論文では、次のようなことばで終わっている。『一言にしていえばボネとその信奉者のことば（全生物を一列に上下に並べる自然の階梯の考え）にかかわらず、自然は一つのプランから他のプランへと移って動物をつくるものであって、自然の動物のあいだには巨大な間隔を残している。頭足類は何ら他の類への通り道でなく、また他の動物の発達の結果ではない。そして将来もこの類の上に位するようなものは何ら造りはしないのである』そして（キュヴィエは）十九世紀に相違を強調する学問の傾向がフランス的であるとする。しかし、はたしてそうであろうか」

キュヴィエは、ジョフロア・サン゠チレールのことばが明らかに自分を攻撃するものと考え、異議を唱えたので、ジョフロア・サン゠チレールは上に述べたところを取り消し、その部分は報告の印刷から除外することで、その場は収まった。

二月二十二日、キュヴィエはアカデミーで「軟体動物、とくに頭足類についての考察」

を発表し、動物がすべて同じ順序で並んだ同一器官からなるということならば、すでにむかしからいわれてきたことで、新しい点はない。たしかにジョフロア・サン゠チレールは新しい相同器官を発見したが、それは従来の知識につけ加えたのであり、新しい原理を見出したわけではない。また動物全体におけるプランの一致性というのは幻影にすぎないと、明らかに名ざしでジョフロア・サン゠チレールを批判した。これに対しジョフロア・サン゠チレールは異論をはさみ、三月十日にジョフロア・サン゠チレールが、三月二十二日に両者が、三月二十九日にジョフロア・サン゠チレール、四月五日にキュヴィエと議論は果てず、平行線をたどった。ついに二人はアカデミーでの論争をやめることにし、ジョフロア・サン゠チレールはこの問題をまとめて『動物哲学の原理』(一八三〇)と題して出版した。一方、キュヴィエは、コレージュ・ド・フランスの講義で、一八三二年五月八日に科学全般についての見解を述べるとともに、講義の終りの部分で、生体構造の一致性の問題を主題にして、激しくジョフロア・サン゠チレールの見解を攻撃した。流行病のコレラで彼が亡くなったのはその僅か五日後のことで、ジョフロア・サン゠チレールの見解を支持したゲーテの死と年を同じくした。

キュヴィエのとなえた説に関連説 Principe de corrélation がある。「生体が全体として、一つの閉ざされた体系を形成し、そのあらゆる部分は互いに相通じたがいの反応によって決定的な同一行動に共同して当たる。これらの部分のどの一つも、他のものの変化がなくては変化しないし、したがってそれらの部分の各々は、どれを取り上げてみても、すべての他の部分をも示し、他の部分を定めているのである」（『地球変革論』一八二五）たとえば、肉食獣は草食獣のような蹄はなく、するどい爪、するどい歯、力強い顎、すばやい運動力を示す骨格、よく見える眼、かしこい頭脳がある。これらは関連していて、「一斑を見て全豹を知る」ことができる。体の各部のこのような関連性はヴィック・ダジールもいっていたが、キュヴィエによってさらに明確にされた。

また、この原理はばらばらに出土する化石獣の各骨をつなぎあわせて再構成する手段を与えたので、彼によって化石学が大成したといってもよい。

バルザックはいう。

「生活の外観というのは一種の有機体のようなもので、カタツムリの殻が中のカタツムリの色を映し出すのと同じくらい正確に人間を表す。優雅な生活にあっては、一切が絡み合い、一切が通じあう。かのキュヴィエ氏は、何かある動物の前頭骨なり顎骨なり股骨なりを目にするや、たとえそれが大洪水以前の動物であろうと、たちまち、その骨からそっくり一匹の生物を組立て、トカゲ類、有袋類、肉食類、草食類、いずれかにこの個体を分類してしまうではないか。このキュヴィエが誤ったことは一度もない。彼の天才の眼には動物の生命を一つに統一する法則がみえるのだ」（山田登世子訳『風俗のパトロジー』）

このようにバルザックは、優雅な生活の原理とは調和のある統一であることを強調する。キュヴィエは科学史にくわしく『自然誌の歴史』『科学の歴史』を執筆した。ゲーテは、キュヴィエとジョフロア・サン＝チレールのアカデミー論争以前に、キュヴィエに対して次のような評を与えている。

「キュヴィエは偉大な自然科学者であり、その叙述と文体とには驚嘆させられる。一個の事実を説明するのに彼以上に出られない。けれども、彼はほとんどまったく何らの哲学をもたない。彼はその弟子をひじょうに博識あるように教育できようが、深くはできまい」（神保訳・エッカーマン『ゲーテとの対話』一八三〇年二月三日）

ふたたび冒頭に記したエッカーマンの八月二日の記事をつづけて引用しよう。

「私は五十年来、この偉大な問題（動物比較解剖学）に骨身を砕いてきた。最初は孤独で次には支持者ができた。そして最後には嬉しいことに、同系の人たちに凌駕された。私が顎間骨についての最初の発見（ゲーテはヴィック・ダジールの発見を知らなかった）をペーター・カンペル（一七二二―八九）に送った時、全然無視されていたく失望した。（ヨハン・フリードリヒ・）ブルーメンバッハ（一七五二―一八四〇）とは個人的な交りがあったので、彼は私の味方とはなったが、いっそう良く理解されたとはいえなかった。しかしゼンメリンク、オーケン、ダルトン、カルスや同じように頼もしい人たちを得た。今度はジョフロア・サン＝ティレールもまた、決定的なわが味方である。そして彼と共に、彼の重要な門弟とフランスにおける彼の賛同者もこれに加えられる。この事件は私にとって全く測りがたいまでの価値がある。これに私は生涯を捧げてきたのだ。そして、特に私の説と全く同じなのである。それがついに一般的な捷利を博するに至ったのである。これを聴いて私が歓声を挙げるのは当然である」（前掲書）

ゲーテは一年たったのち、『動物哲学の原理』を書いてこの論争をくわしく論じている。キュヴィエとジョフロア・サン＝チレールの論争は根深いものであること、すなわち二つの異なった学者の傾向とみている。

「キュヴィエは生物の識別と、対象の正確な記述という道を倦むことなく歩みつづけ、研究の裾野を果しもなく大きく広げることに成功した。これに対してジョフロア・ド・サンチレールは生物の類似 Analogie（当時はまだ Homologie のことばはなかった）とその神秘的な類縁性を求めて、ひそかに研究を重ねてきた。前者は個から全体を目ざすが、この全体はなるほど仮定してはみたものの、認識不可能なものと考えられている。他方、後者は全体を内なる感覚で捉え、個は全体から次第に展開されるものであると、しかと確信していた」(高橋義人訳・ゲーテ『動物哲学の原理』)

もちろんゲーテはジョフロア・サン＝チレールの見方に属するのであった。ジョフロア・サン＝チレールがプランの統一性とか生体構成の統一性というときのことばは誤解されやすいとして、ゲーテは型の統一性 Unité du type というべきだといっている。ゲーテはすべての植物は原植物 Urpflanze の変態であり、すべての動物は原動物 Urtier の変態によると考えていたので、ジョフロア・サン＝チレールの見解に賛同するのは当然である。ゲーテのこの考えのもととなった『植物変態論』(一七九〇)は原葉 Urblatt の変態をといたものであった。

ゲーテのつくった「形態学 Morphologie」は、植物学の分野では、ドイツのクルト・P・J・スプレンゲル(一七六六—一八三三)、フランスのオーギュスタン＝ピラム・ド・カンドル(一七七八—一八四一)によって大成され、一つの大きな学問分野となった。

ド・カンドルとその後の自然誌

ド・カンドル

一七九六年、十八歳のオーギュスタン＝ピラム・ド・カンドルは、自然科学と医学の勉強のため、ジュネーヴからパリに出てきた。日ごろからラマルクの『フランス植物誌』を愛読していたド・カンドルは、パリでその著者自身に出会ったことで、幼いときから思いつづけてきた植物学者になることに決心がついた。

ド・カンドルは、スイスのジュネーヴ共和国の行政長官の家に生まれ、幼いときから自然科学に興味をもった。彼が十四歳のとき、一家はジュネーヴからヌーシャテル湖の南端イヴェルドンの近くのグランソンに転居した。そこは植物の豊富な地方で、かつてはジャン・ジャック・ルソーの植物採集地だったところである。ド・カンドル少年はひとりで採集に励んだ。十六歳のとき、一家とともにジュネーヴに帰ったが、植物採集は絶えずつづ

図35　ド・カンドル

けていた。

ド・カンドルは、同じ教会信者のジャン＝ピエール・エチエンス・ヴォシエ（一七六三―一八四一）と知り合って、二人で淡水藻の受精現象を研究し、『淡水藻誌』（一八〇三）の書がある。特有の形質をもつフシナシミドロという湿地に生える藻に、ド・カンドルは、ヴォシエを記念して、「ヴォケリア」という属名をつけている。

ド・カンドルはまた、ジュネーヴの牧師で植物生理学の研究で知られるジャン・セヌビエ（一七四二―一八〇九）や、気象学者の息子で鉱物学・地質学の教授となったニコラス・テオドール・ド・ソーシュール（一七六七―一八四五）とも知り合った。セヌビエは、大気中の二酸化炭素が植物体でつくられる有機物のもととなることをいい（一七八三）、ソーシュールは、二酸化炭素と水とから植物体の養分、すなわち糖分・澱粉がつくられることを実験で初めて明らかにした（一八〇四）。ド・カンドルは植物分類学者として名声を得たが、光合成の研究史に名高いセヌビエやソーシュールの知己であっただけに植物生理学にくわしく、「地衣類の栄養に関する試論」（一七九七）、「数種の植物への光の影響の比較実験」(一八〇〇)、「枝が光に向く原因についてのノート」(一八〇九)などの論文もある。

ド・カンドルは、その後、パリの植物園を訪れて、キュヴィエと進化論や化石について議論したり、キュヴィエの化石学に興味をもって、他にさきがけてキノコの化石を研究している(一八一七)。

植物画家ピエール゠ジョセフ・ルドゥテは、ド・カンドルの『多肉植物誌』(一七九九―一八〇二)に図を描いた。次いで、『ユリ図譜』八巻を出版したが、ド・カンドルはそれに解説文を書いた。この本にはルドゥテの描く四八六枚の美しい大版の図があって、植物愛好家に広く歓迎され、ド・カンドルの名も世に知られた。ルドゥテは、マリー・アントワネットに、次いでナポレオン時代には皇后ジョセフィーヌに仕える宮廷画家であったが、パリの自然誌博物館の絵画部の教授ジェラルド・ファン・スペンドンクを継いで一八二三年から死に至るまでその職にあり、最高の植物画家の評判を得た。彼の一七二図をともなう『バラ図譜』三巻も世に名高い。『ジャン・ジャック・ルソーの植物学』(一八〇五)は、ルソーの植物書簡にルドゥテの美しい図版をつけて売り出され、世にひろまった。

植物園には古くから専属の画家がいた。一六六四年に宰相コルベールの提案で王立植物園のなかに絵画部が設置されて、ニコラス・ロベール、ジャン・ジュベール、クロード・オーブリエ、マドレーヌ・フランソワズ・バスポルト、スペンドンクとつづいた。革命後、スペンドンクは、植物園の他の部の人たちと同様に教授に任命された。スペンドンクは一八二二年に死んだが、その年の七月二十四日、話合いで、植物図をルドゥテが、動物図をユエが担当することになり、それいらい植物図・動物図の二つの分野に分かれたのであった。

一八〇四年、ナポレオンは皇帝となり、ジュネーヴは政情不安におちいり、ド・カンドルは故郷には帰らず、パリに定住する決心をした。そして一八〇八年、モンペリエ大学に招かれて、植物学教授となり、植物園長を兼ねた。ここでの講義がもとになって、『基礎植物学原論』(一八一三)を発表したが、この書は世界じゅうに名著として知られ、翻訳書も刊行された。これに似た書物としては、ドイツのスプレンゲルの『植物知識の手引き』三巻(一八〇二—〇四)しかなかった。ドイツではこの二人の植物学を合わせた本が出版され、これは英訳された。このなかの理論的な部分はほとんどド・カンドルのものである。

スプレンゲルの本をシーボルトが日本に持ってきて、宇田川榕庵に与え、ドイツ語本であるにもかかわらず、榕庵の『植学啓原』の基礎資料の一つとなった。ド・カンドルの本はイギリスのリンドリー、アメリカのグレーの植物学教科書の基礎ともなり、それら英米の書物は日本や中国で抄訳されて、明治の初期に植物学の教科書として数多く出版され、わが国のその後の植物学に大きな影響を与えた。ド・カンドルの『基礎植物学原論』には図がないが、彼がモンペリエでの講義をまとめた『植物器官学』二巻（一八二七）は美しい図版をともない、形態学に関する最もまとまった本で、これによって形態学は基礎が確立されたといってよい。一八三二年にはそれの姉妹本である『植物生理学』も出版された。

ゲーテの形態学の研究のなかで最も有名なのは、さきにも述べた『植物変態論』（一七九〇）と「上顎の顎間骨は他の動物と同様人間にも見られること」（一八二〇）とである。

ゲーテによれば、子葉、茎葉、包葉、萼片、花弁、雄しべ、それから雌しべの心皮はすべて「原葉（ウルブラット）」の変態したものである。規則的な変態では原葉が雄しべになるところを、八重咲の花では、不規則的な変態で原葉が花弁になったのである。茎葉の現わすさまざまの形もすべて原葉の変態である。

このゲーテの原葉の思想を受けついだのは、フランスのド・ピエール＝ジャン＝フランソア・チュルパン（一七七五―一八四〇）である。チュルパンは植物学者であるとともに巧みな植物画家であり、他人の著書のためにも多くの植物図を描いている。ルドゥテらとともにド・カンドルの『植物器官学』にも少数ではあるが挿絵を描いている。チュルパンはまた、ゲーテの原葉の変態のすべてを一つの植物のなかにまとめて示した図を描いており、それはまたゲーテの原植物を表わしたものであるが、この図は、あるいはゲーテの考えを見誤らすかもしれないのである。原葉とか原植物とかは、その「変態（メタモルフォーゼ）」によって初めてチュルパンの図のような形のどれかをとりうるのである。つまり、

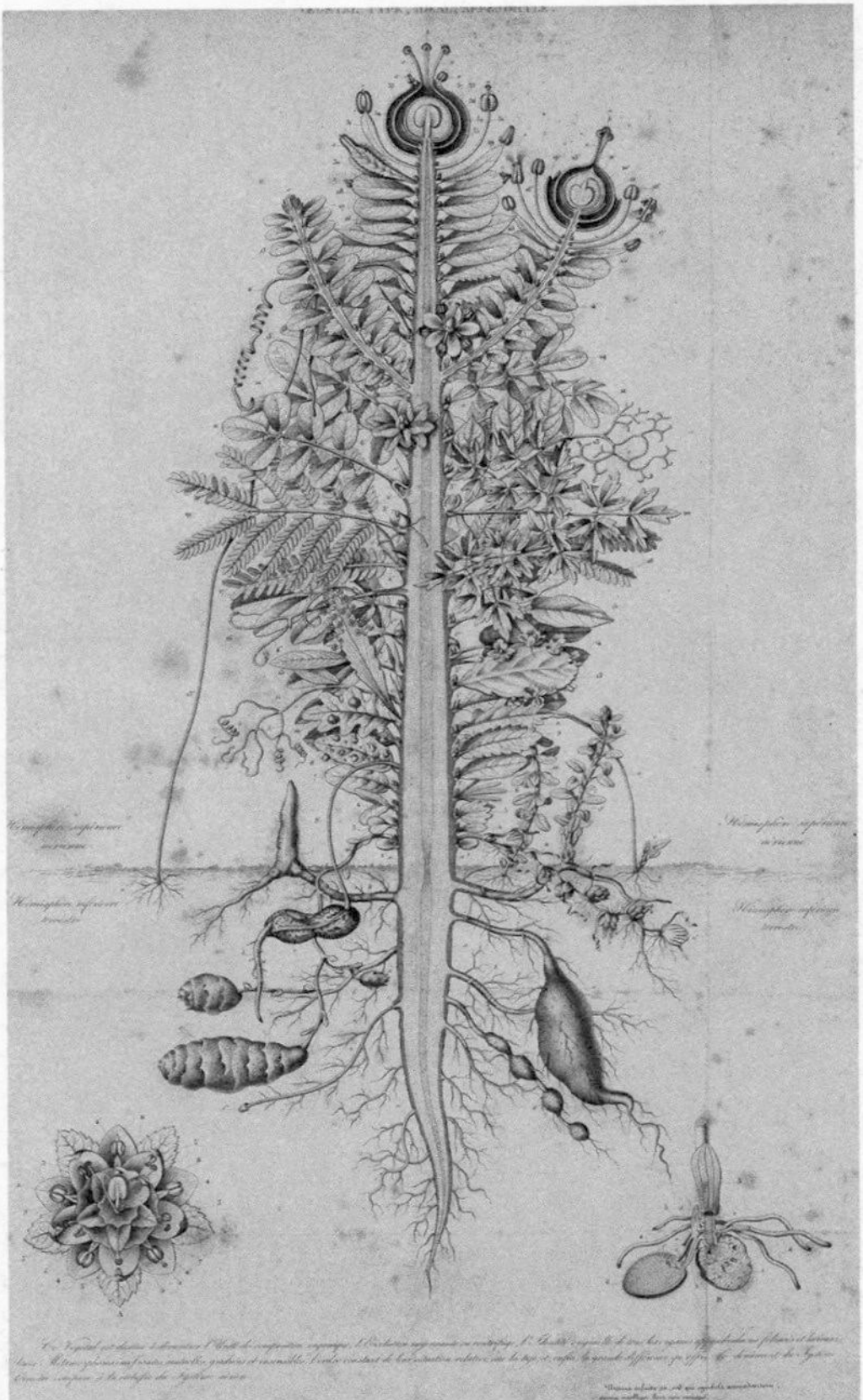

図 36　チュルパンの描いた原植物

原葉はある形をすでにとったものではなくて、それらの形を示す可能性を秘めたものなのである。アリストテレス流にいえば、可能態であり現実態ではない。ヤマユリならヤマユリ、アヤメならアヤメというのは種であり、それはアリストテレス流にいえば、ヤマユリのイデアがありアヤメのイデアがあるからである。しかしヤマユリという種、アヤメという種を統合したものはイデアではないが、イデア的に取り扱って原植物というとき、この原植物が現実のヤマユリなりアヤメになるためには変態によらねばならないのである。

ド・カンドルは、原葉という考えをとらない。植物の器官構成には一般的な体系があり、プランとしてたがいに比較できるシンメトリがあるという。この「シンメトリ」とは、一般に用いられる「相称」の意味ではない。強いて訳せば、「共通的な構成」ともいうべきもので、ジョフロア・サン＝チレールのプランに近い。たとえば花は、外側から、萼片、花弁、雄しべの順序で、中心に位置している雌しべをつつむ。花によってはいろいろな変化があるが、この基本は変わらず、変化はすべて退化と融合で説明できるという。ド・カンドルによれば、八重の花は雄しべが退化して花弁となったものとする。完全な退化は、そのものの消失となる。花弁が融合して、ただ一つの花冠をなすことがある。これは、従来は花冠は単一と記述されたが、ド・カンドルはこれを正しく「合弁花冠」というべきだとした。

一八〇〇年にジュネーヴの学士院は、若いド・カンドルに名誉教授の称号を与え、動物学の椅子を与えた。そして一八一六年、さらに自然誌の椅子が与えられたド・カンドルは、初めてモンペリエから故郷のジュネーヴへ帰った。一八一五年、ナポレオンの百日天下が終りをつげたことや、ジュネーヴがフランスから解放されたことも、これに関連があろう。モンペリエで植物園長をつとめたド・カンドルは、多くの人の支援のもとにジュネーヴにも植物園をつくり、それは一八一七年十一月十九日に開園した。また植物学者で学士院長ボアシエの支持のもとにジュネーヴに自然誌博物館がつくられ、その植物標本室をド・カンドルは管理した。二五年にわたるジュネーヴでのド・カンドルの活躍は著しく、植物の研究のみならず、農業の振興事業、一般教育行政にもたずさわり、公立図書館、美術館をつくり、ボアシエの死後は、一時、学士院長を継いだ。彼は、自然誌講座を二つに分けて、植物学教授の地位を息子のアルフォンズ・ド・カンドル(一八〇六—九三)に、動物学教授の地位を彼の高弟ジャン・フランソア・ピクトに与えた。晩年の六年は病気と闘いながら大きな仕事を残したのであった。

ド・カンドルは植物誌のモノグラフを一〇〇篇近くも書いた。例をあげると、ベンケイソウ科、キク科、ナタネ科、キュウリ科、スベリヒユ科、シャボテン科などで、これらの植物記載文は他の人の手本となるほど立派なものだった。彼の最大の仕事は、『植物界自然分類体系大全』である。この書は、全世界のすべての種を取り扱い、単なる記載に終わらず、数多くの種のあらゆる性質を述べたもので、彼自身は一〇〇以上の科を扱って、七巻までを執筆したが、このような大きな企画は彼の代では完結できず、死後、多くの協力者によってさらに一〇冊を加える大冊となった。

ド・カンドルのあとをうけて編集し、執筆者としても最も活躍したのは、彼の子のアルフォンズである。この書は全一七巻となり、五一〇〇属・五九〇〇〇種の記載がある。ただし、これは双子葉植物のみに終わり、単子葉植物には及ばなかった。記載は文献にたよらず植物の生品または標本に基礎をおいている。アルフォンズも立派な植物学者で、彼の『栽培植物の起原』はこの種の本の先駆をなすものである。また一八六七年の国際植物学会議では植物命名規約の草案を提出し、これを決めた功績も大きい。

アルフォンズの息子のカシミール・ド・カンドルも植物学者であったから、ド・カンドル一家はフランスのジュシュー家と並んで著名な植物学者の家系である。

ド・カンドルの分類法

ド・カンドルは、分類法はこれまでひじょうにたくさん発表されているから、分類法を分類する必要があるという。彼は分類法を分けて、「経験分類」と「合理分類」とにし、経験分類とは、分けられるもの自体の性質によらない分け方、たとえば、アルファベットで分けるアルファベット分類とかT・C・ブックスバウム（一六九四―一七四〇）のように、彼以前にはまったく未知であったもの、すでに記載があるが図のないもの、記載も図もあるが不十分なものとに分ける（一七二八）というようなものをいう。合理分類を分けて、「実用分類」と「人為分類」と「自然分類」の三つとする。実用分類は、用途で分けるもので、たとえば、薬物分類のように薬の効用とか、化学成分とかによって植物を分けたり、用途分類法のように有用植物の用途で分けるものである。人為分類は、何かある基準をはっきりさせて、つまり植物のある形質をとりあげて分け、一般の人が知らない植物の名を見つけやすくするような分類である。これに彼は、G・ボーアン、モリソン、レイのもの、さらに進歩したものとしてクナウトやヘルマンのもの、最も成功したものとしてバッハマン、ツルヌフォール、リンネ（もちろん雌雄蕊分類体系）のものをあげている。自然分類は「自然の秩序」で近接のものをまとめたものであり、それのみが科学であるとした。

現在広くいわれるリンネの人為分類からアントワーヌ・ロラン・ド・ジュシューの自然分類への発展という考え方のもとは、このド・カンドルの考えにあると思われる。

ド・カンドルは自然分類の体系に三種をみとめた。第一のものは手探りのものであり、これは、何ら原理を知ることなしに手探りの状態で自然群をもとめたものであって、この例としてマニョル、リンネの自然分類群（「自然分類法断片」）をあげている。第二は、形質一般比較のもので、アダンソンのとる分類法であり、第三は、形質の重要度によるもので、ベルナール・ド・ジュシューの名をあげているが、アントワーヌ・ロラン・ド・ジュシューの『植物属誌』に書かれた体系であり、この第三のものこそ最も立派な体系と考えている。それでは、ド・カンドル自身はどのような形質を重要と考えるかというに、それは、植物の機能の点で重要な形質を分類に重要なものとみている。彼は形態学と同様に植物生理学に通じていたので、アリストテレスいらいの目的性を強調しなかったが、機能を重んじて体系を考えたから、根本の考え方は、チェサルピノ、ツルヌフォール、リンネ、アントワーヌ・ロラン・ド・ジュシューと本質的に変わらないと思う。彼によれば、植物は動物と異なり、運動感覚をもたず、機能は栄養と生殖とに限られている。ところが植物は、土に定着するため、栄養としてはほとんど同じものをとっているから、栄養器官には大した差はない。それゆえに、特徴の現われるのは生殖の器官であり、その形質が重要である。しかし真の自然群は、栄養と生殖の両形質が一致するものである。たとえば、単子葉類と双子葉類とか、イネ科とスゲ科とかは、花からいっても、葉などの栄養体からいっても、諸形質が一致する。生殖器官のなかでどのような器官が比較的重要であるか、その重要性を何におくかについてド・カンドルは雄性器官の存在はごく一時期であり、雌性器官に同化してしまうから、雌性器官のほうが雄性器官より機能的に重要であるとする。植物の生殖に関する考えはリンネの時代よりはるかに進んだが、ド・カンドルの時代ではまだ生殖が細胞段階でわかってはいない。

子房は、稔ったのち、種子とそれをつつむものとになるが、種子のほうが重要である。

なかでも胚は最も重要と考えられる。それゆえに重要度は次のようになる。
一、すべての目的である胚。
二、性器官。それは胚の形成のための手段である。ここで性器官とは、雄しべと、柱頭から子房に至る雌しべの部分をいう。
三、胚をつつむもの。すなわち、種皮と果皮。
四、性器官をつつむもの。すなわち、花冠、萼、苞。
五、蜜腺、すなわち付属器官。
このゆえにこの分類体系の原理は、アントワーヌ・ロラン・ド・ジュシューのよりさらにはっきりしているが、大体においてアントワーヌ・ロラン・ド・ジュシューの体系原理と一致するわけで、できた体系もひじょうに似ている。
一、双子葉植物　二重花蓋《かがい》(花冠と萼の総称)、多花弁は子房下位　例、ウマノアシガタ科、スミレ科、オトギリソウ科
二、双子葉植物　二重花蓋、多花弁は子房周位　例、セリ科、マメ科、バラ科
三、双子葉植物　二重花蓋、単花弁は子房周位　例、キク科、キキョウ科、ツツジ科

四、双子葉植物　二重花蓋、単花弁は子房下位　例、リンドウ科、ヒルガオ科、ナス科、サクラソウ科
五、双子葉植物　無花弁または一重花蓋　例、ヒユ科、マツ科
六、単子葉植物　顕花　例、アヤメ科、ユリ科、イネ科
七、単子葉植物　陰花　トクサ類、デンジソウ類、ヒカゲノカズラ類、シダ類
八、無子葉植物　葉状で有性　蘚類　苔類
九、無子葉植物　無葉状で、性は未知　地衣類、菌類、藻類

彼がせっかくつくった「合弁花」の語を使わずに、従来の用語で「単花弁」としている。第二版（一八一九）では、二と三を合一し、第二群とし、各群の名を次のようにしている。

一、花托上花双子葉植物 Les Dicotylédonés thalamiflores
二、花弁着萼双子葉植物 Les Dicotylédonés calyciflores
三、有花冠双子葉植物 Les Dicotylédonés corolliflores
四、単花蓋双子葉植物 Les Dicotylédonés monochlamydées
五、顕花単子葉植物 Les Monocotylédonés phanérogames

六、陰花単子葉植物 Les Monocotylédonés cryptogames
七、有葉有性無子葉植物 Les Acotylédonés foliacées et sexuelles
八、無葉無性無子葉植物 Les Acotylédonés aphylles et sans sexes connus

第三版（一八四四）は、息子のアルフォンズによって出版され、これによって田中芳男は、明治五（一八七二）年十月、『蛭甘度爾《デカンドル》列氏植物自然分科表』の一枚刷りを出版し、二一三目二二〇科の一覧表をつくった。科の和名はこれによって定められ、長く用いられた。

十九世紀後半以降

これまで、ルネサンスから十九世紀前半までの自然誌の発展を、パリの植物園の変遷を通して見てきた。パリの王立植物園から国立自然誌博物館への転換の基礎がすえられるところまでを追いながら、それに関連した偉大なナチュラリストの群像を見てきた。この時代はまさにフランス科学の黄金時代といってもよいと思う。現在のパリの国立自然誌博物館はその名声を保持しているが、他の国でのこの方面の発展が著しく盛んになったので、相対的な比重は変わった。ここで筆をおくことにしたいが、いままで述べてきたフランスで芽生えた数多くの生物学上の思想を根底とした動植物の分類体系が、その後、どのように発展していったかを重点的に簡単に述べたい。

ラマルクの進化論の書かれた『動物哲学』が出版された一八〇九年に、イギリスのシルスベリーでチャールズ・ロバート・ダーウィンが生まれ、それから五〇年たって彼の『種の起原』が刊行されて、進化論は初めて一般社会の話題となった。その反響は、イギリス国内では大きかったが、フランスではそれほどではなかった。一つには、ラマルクの進化論がすでに発表されていたからであり、それもあまり問題にされていなかったからである。ラマルクの進化論はダーウィンにかなり大きな影響を与えたとわたしには思われる。ラマルクの説はイギリスにも伝わり、『動物哲学』の英訳も出版されたが、不幸なことに、あまりよい訳でなかったためもあって、ラマルク説は一般に誤解された。ダーウィンがエジンバラ大学で医学を学んでいたとき、少し年上のグラント博士はラマルクとその進化論について熱っぽく語り、それを支持した。しかしそれは、ダーウィンにとって何の影響も与えなかったと思われた。ダーウィン自身、祖父のエラズマスの著書で、進化思想にふれた『ズーノミア』をすでに読んでいたが、これにも何の関心ももたなかったという。しかし人間というものは、たとえ自覚しなくても、影響をうけているものである。

ダーウィンは、グラント博士とともに海岸を歩きまわり、磯の小動物を採集した。また、そこでアミガイの幼生について一つの論文を書いたが、彼の意識とは無関係に後年のフジツボの仲間の蔓脚類の研究となり、そのことで種の問題を学んだことが、進化論を考える最大の原因となったとわたしには思われる。ダーウィンは『種の起原』の序文でラマルクの仕事を過小評価したが、それには理由があった。なぜなら、ダーウィンは自分の進化の機構についての説明がラマルクとはまったく異なっているにもかかわらず、人びとがそれを混同することをおそれたからである。ダーウィンはラマルクが進化論を初めて唱えたことに、もっと讃辞を述べるべきであった。しかし進化があるという進化論をみとめても、ラマルクの進化の機構の説明である進化説は納得できなかった。ダーウィンは、生物の変異は環境の影響によるとは簡単に考えず、変異の起因はわれわれにはほとんどわからない。しかし事実として変異が起こるのである。この生じた変異を環境が選ぶということによって進化が起こるということに重点をおいたのである。

世間はもちろん、学界といえども、独創的な考えをすぐに受け入れるということはない。アルフレッド・ラッセル・ウォレス（一八二三―一九一三）がダーウィンと同じ考えをいだき、論文をダーウィンのところに送り、結局、ウォレスのこの論文とダーウィンの覚え書きとが、ともに一八五八年七月一日のリンネ学会で読まれた。ウォレスの論旨は、ダーウィンの覚え書き以上に明快に自然選択説を述べているが、そのときの学者たちの反響はほとんどなかった。ダーウィンがのちに思い出せたのは、ダブリンのホートン教授が書いたものだけで、その批評は、「二人の論文中の新しい点は全部誤りで、正しい点はすでに古くからいわれてきたこと」というのであった。それでダーウィンは、ラマルクの説と同じであると思われることを極力避けたかった。また、公衆の注意をひくために、『種の起原』をそうとう大きな本として、くわしく述べることの必要を感じたのである。ダーウィン説は、その表題の示すように、種の変化することを述べるのが主であったので、ダーウィンの進化論がいきわたっても、動物や植物の分類体系にただちに大きな影響を与えたわけではない。それは、ダーウィン、ラマルク、ゲーテの進化論をドイツに紹介したヘッケルを待たなければならなかった。

ライプツィヒの東のメルゼブルグに生まれたハインリヒ・フィリップ・アウグスト・エルンスト・ヘッケル(一八三四―一九一九)は、放散虫のモノグラフで知られた動物学者で、ダーウィン説が出ると、すぐこれをドイツ語圏に普及させた。それのみならず、心情として彼がより好んだラマルクの説も十分に紹介した。ゲーテに傾倒した彼が、ゲーテをこの二人と並べて進化論者としたのは誤りであった。

ヘッケルは、進化をみとめたばかりでなく、進化の道すじを示す系統樹(図37)を、その著『一般形態学』(一八六六)に描いた。これは、ラマルクに次ぐ系統樹の発表である。そのあまりにも大胆な結論は多くの生物学者の反感を買ったが、その後世に与えた影響は大きい。また、個体発生は系統発生をくりかえすという「反覆説」を唱えた。これは、厳密にいうと正確ではないが、ヘッケルのこの説に刺激されて比較発生学の研究が進んだ。その結果、動物分類体系はその発生形式によって類を分け、系統を論じるようになった。ヘッケルは、自身の体系を整備して、『体系的系統学』三巻(一八九四―九六)を著わした。

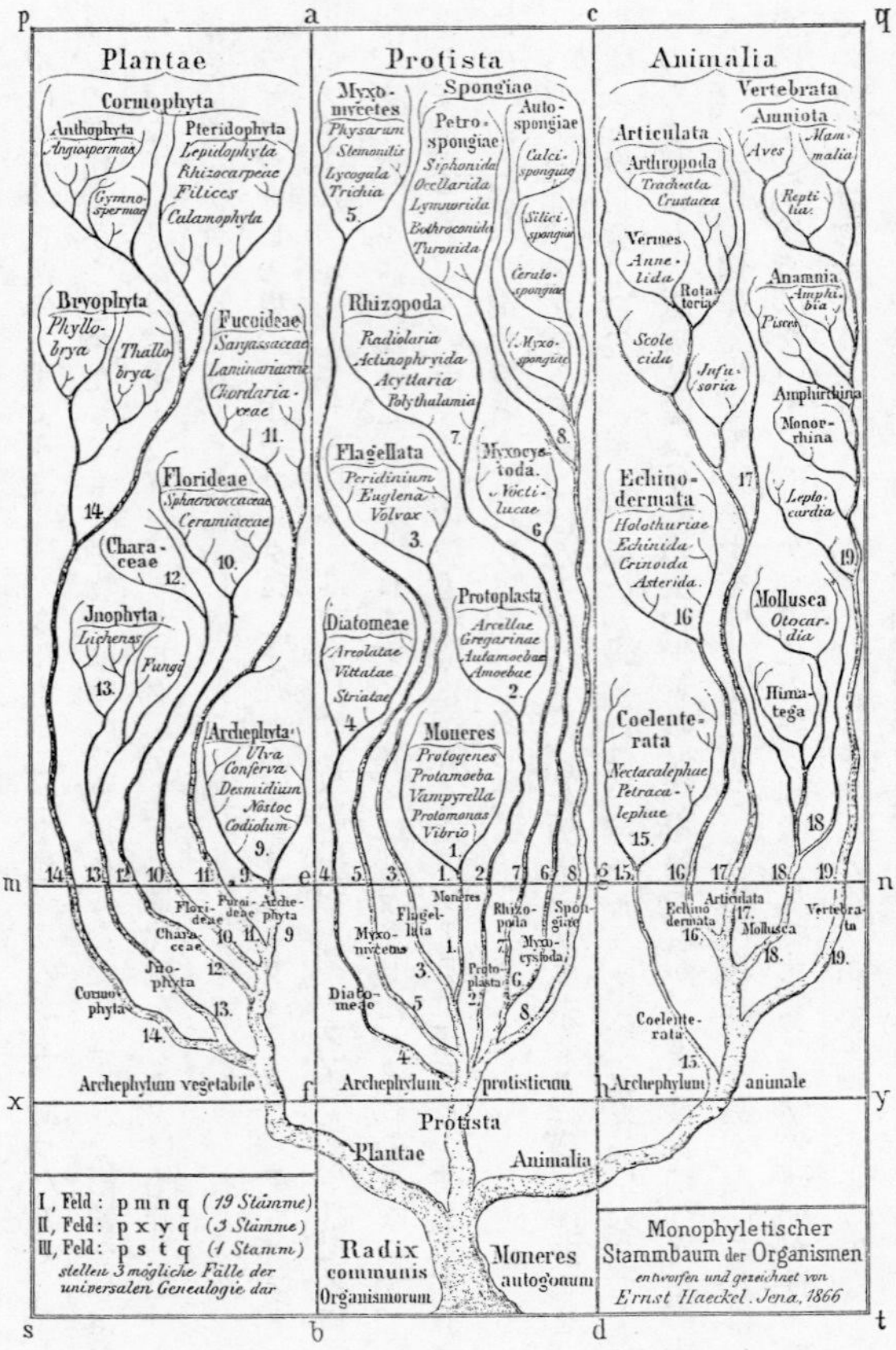

図 37　生物を植物・原生生物・動物に分かつヘッケルの系統樹

ラマルクが動物界を分けて無脊椎動物（一〇綱）と脊椎動物（四綱）を分けたのに似て、植物を陰花植物（茎葉未分化植物と茎葉分化植物）と顕花植物（単子葉植物と双子葉植物）とに分けたのは、国立自然誌博物館の植物学教授ブロンニャールである。アウグスト・ヴィルヘルム・アイヒラー（一八三九－八七）は、アレキサンダー・ブラウンを継いで、ベルリン大学の植物学教授となったが、その著『植物学講義提要』で植物を陰花・顕花に二大別する考えをとり、それぞれをいくつかの門に分けた。彼を継いだアドルフ・エングラー（一八四四－一九三〇）は、しだいに門の数をふやし、彼の『植物分科提要』の第三版（一九〇三）では全植物を一三門に大別し、その一つの門が有管有胚植物門（顕花植物）で、他の一二門はすべて陰花植物である。ちょうど動物界を分けるのに、いまは脊椎動物の一門に対し、無脊椎動物が多数の門に分かれているのと軌を一にする。エングラーは、ド・カンドルの『植物界自然分類大全』の一部を分担したが、エングラー自身、ド・カンドルのように全世界の植物を整理して、『植物分科大全』（一八八七－一九〇七）の大冊を編集し、その執筆のために世界じゅうの専門家を動員した。これは見事に完成し、次いで一九二五年、増補改訂版を刊行しはじめたが、世界大戦の影響もあって、これは未完成に終わっている。さらにエングラーは、全世界の植物の各科別のモノグラフを一九〇〇年いらい編集し、これまた世界じゅうの専門家に執筆を依頼したが、これも一部に終わり、未完成である。

現在の分類体系

これまで述べてきたように、ツルヌフォール、リンネ、アダンソン、ド・カンドルは、植物体系の歴史的歩みを見た結果、独自の分類体系をたてた。その歴史的歩みをこれまでわたしも見てきたので、自分の分類学原理と分類体系を示そうと思う。

ド・カンドルにならって、わたしなりに分類体系を分類すると、次のようになる。

一、便宜的体系。人為分類体系であって、植物名を見出すに便利な体系、または人間の用途による体系である。検索表も一般にはこれに入る。これも必要な体系である。

二、無原理体系。自然群にまとめるが、それを並列し、そこに原理を見出せない体系である。各群を区別するためにとりあげる形質は、そのときどきで異なり、一様ではない。したがって、進化の道すじ・系統をたどることは難しい。リンネの「自然分類法断片」やエングラーの分類もこれに入る。これを「系統分類体系」というのは疑問である。

三、目的論的体系。アリストテレスいらい、西欧に伝統の分類体系で、何が植物にとって目的であるかによって分けるもので、チェサルピノは、果実・種子、ツルヌフォールは花冠、リンネは雌雄蕊を形質としてとった。完成した体、または子孫を残すため

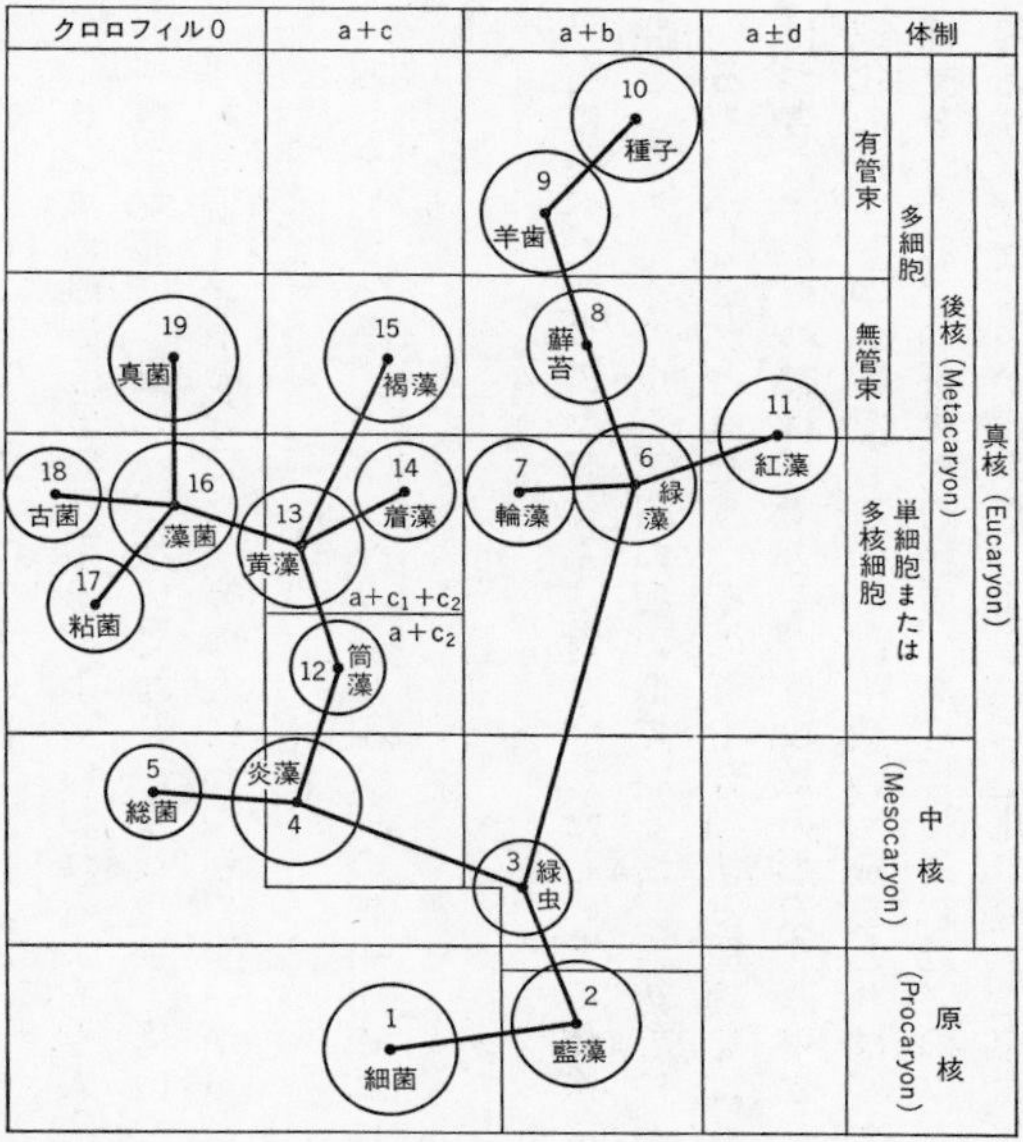

図 38　19門の植物分類・系統図　おのおのの門 Phylum の和名は「植物門」の3字を略して、たとえば「細菌植物門」を「細菌」とのみ記す。1 Bacteriophyta *OO*, 2 Cyanophyta *OO*, 3 Euglenophyta *SS*, 4 Pyrrhophyta *SA*, 5 Crossomycophyta *SA*, 6 Chlorophyta *AA*, 7 Charophyta (*AA*), 8 Bryophyta (*AA*), 9 Pteridophyta (*A*∞), 10 Spermophyta *OO*, 11 Rhodophyta *OO*, 12 Cryptophyta *PS*, 13 Chrysophyta *PA*, 14 Haptophyta *AAh*, 15 Phaeophyta *PA*, 16 Phycomycophyta *PA*, 17 Myxomycophyta *Aa*, 18 Archimycophyta *AO*, 19 Eumycophyta *OO*。イタリクスは鞭毛の様式を示す。図は体制・クロロフィル・鞭毛の3形質ですべての門が分かたれることを示し、また各門をつなぐ紙面から下へ立体的に考えて系統樹を表わす。

の重要な器官を形質としてとるものである。目的を考慮すれば、形質の重要度に差があり、アントワーヌ・ロラン・ド・ジュシュー、ド・カンドルの体系もこれに入る。リンネの雌雄蕊分類体系は、よくいわれるような人為分類ではけっしてない。子孫を残すために、雄しべ、次いで雌しべが最重要と考えた分類で、目的論的体系の一つである。リンネの分類は一般の人にわかりやすいからといって、便宜的分類とはいえない。

四、全形質体系。アダンソン、早田文蔵の体系がこれに入る。最近の数量分類学もこれである。

右に述べた四つの型の体系に対し、わたしのとる体系は、全形質を価値観なしにとり、群をつくる。その点、第四の型に似ているが、自然群にあつまる点は、無原理体系に似ている。しかしこれと異なり、その群を分類する原理をはっきりすることで異なる。原理をはっきりするためには、できるだけ少数の形質を基準としてとる。一つの形質では、その進化の道すじが想定できるので、少数の形質をとれば、それでできあがった群によって系統樹をつくることが比較的容易である。強調したいのは、分類体系には、その原理が必要であり、分類体系から系統、すなわち進化の道すじをおしはかれるということであって、その逆ではない。「システム」という字は「体系」と訳すべきで、「系統（ファイロジェニー」と訳すべきではないのである。

以上がわたしの考えである。

顕花植物、すなわち種子植物については、わたしには単子葉植物の分類体系しかなく、双子葉植物についてはまだ確立していない。単子葉植物の分類体系で分類原理としてとる基準形質は、離心皮か合心皮か、子房の形質（上位子房か下位子房か、および中軸胎座か側膜胎座か）、花被の形質、胚乳の形質であり、単子葉植物を六綱、二八目に分けた。これは、一九五四年、パリにおける第八回国際植物学会議で発表ののち、フランス国立自然誌博物館の顕花植物研究所で仕上げ、同所の機関誌『ノチュレー・システィマティケー』第十五巻二号に掲載された（一九五六）。

植物界全般については、一九五〇年に雑誌『ネイチュア』一六六号に発表された、イギリスのマントン博士の「ヒバマタ属の精子の電子顕微鏡による観察」という論文に刺激をうけ、分類規準にとる形質を鞭毛と葉緑素と細胞の体制にとり、植物界を一八門に分かち、その系統を論じたが（一九五三）、電子顕微鏡の発達による精子や遊走子の鞭毛の研究が相次いで新事実を発見していくので、一〇年後にさらに手直しをして、「植物の体系と系統」（一九六三）を英文で発表し、また『現代植物学』（裳華房・一九六五）にくわしく書いた。一九七九年、パリに数か月間、研究する機会を得たので、こんどは同じ植物園内の陰花植物研究所を根拠地として、その間、マントン教授はじめ多くの英国の藻類学者を訪ねたり、またほうぼうの図書館・図書室で文献をしらべ、多くの新事実を考慮し、体系の原理はもとと変わらないが、多くの改良を加え、陰花植物研究所の機関誌『レヴュー・アルゴロジィク』第十四巻四号（一九七九）に発表した。わたしの研究は、このように、パリの国立自然誌博物館の顕花植物研究所（当時の主任は故オンベール教授、現在はル・ロア教授。論文の世話を受けたのはレアンドリ名誉副主任）と陰花植物研究所（むかしの主任は故エイム教授、当時の主任はジョウヴェ・アスト教授。指導をうけたのはブールリー名誉教授）で達成された。

パリの国立自然誌博物館は、いまも自然誌研究の中心となって、世界のナチュラリストたちの研究の場になっている。

おわりに

わたしたちが自然のなかにあるとき、植物や動物の多種多様性に気がつくのである。自然を探究するナチュラリストたちはこの千変万化の植物や動物を知ろうとする。生物は多様性とともに統一性が見られるから、無数ともいえる多くの種を分類体系をたててまとめ、のちには進化の道筋、系統を明らかにしようとする。このナチュラリストたちの努力の跡を、パリで一般に「植物園」とよばれているフランス国立自然誌博物館を中心としてたどってみた。

フランスの文化は、芸術においてのみならず自然科学においても伝統の重みがある。パリの植物園の歴史は古いが、日本の小石川の幕府の御薬園も三百年の古い歴史をもっている。パリの植物園では、ブロス、ツルヌフォール、ビュフォン、ラマルクと代をついで研究を進展させていった。日本にも林羅山、貝原益軒、田村藍水、小野蘭山のような大学者がいたが、彼らは孤立していて、伝統を伝える一つの場所に結集しなかったのが惜しまれる。

文久元―二（一八六一―六二）年、遣欧使節団に通詞として同行した福沢諭吉は、パリ

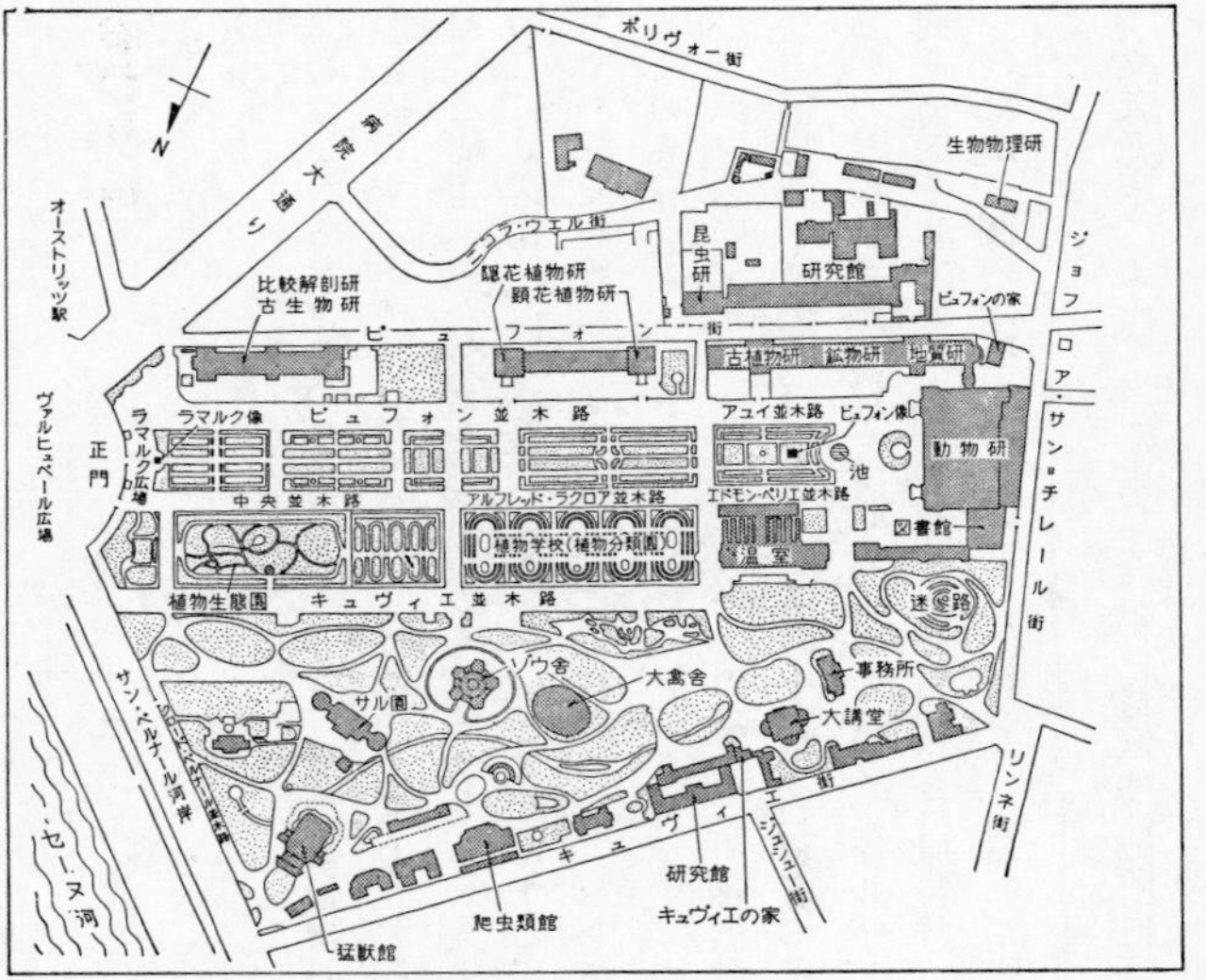

図39　フランス国立自然誌博物館案内

の植物園を見学して、『西洋事情』（一八六六）に博物館、動物園を紹介した。その翌年の慶応三（一八六七）年、徳川慶喜の弟、昭武を使節として幕府の一行二六名がパリ万国博覧会に参加した。そのなかに、さきに『泰西本草名疏』を刊行した伊藤圭介の弟子の田中芳男が出品標品係としていて、パリ滞在中、寸暇をさいて植物園を訪れた。彼は、その規模に衝撃を受け、これと同じような植物園・動物園・自然誌博物館を兼ねた組織をわが国にもつくりたいと念願するに至り、場所を現在の上野公園に求めた。

小石川御薬園は東京大学付属となり、伊藤圭介はここの員外大学教授となり、一方、初代の植物学教授矢田部良吉は植物標本と関係図書を蒐集し、自然誌研究を欧米に学んで活発におこなうようになった。

田中芳男の努力は上野に動物園と博物館を建設することに結実したが、彼は教育・産業を興すことに急で、その根本の学術研究にまで及ばなかったので、博物館は研究のための標品集積でなく、展覧して社会を教育するための標本集積の傾向が強くなった。フランス国立自然誌博物館は多数の教授を保有し、大学と並ぶ学術機関である。そして生物学が分子生物学に向かって一大進歩をとげた今日も、その基礎となる動植物そのものの研究はここでつづけられている。その伝統を本書で読者にお知らせしたい。

日本は動植物の種類が多く、自然に恵まれた国である。わたしたち一人一人がアマチュア・ナチュラリストとして自然に親しみ、自然を学んでいき、少年期の本能的な動植物への親しみを失わせないようにしたい。ただ珍奇な動植物を家庭にとりこむのではなく、国土全体を植物園・動物園と考える。そればかりでなく、研究する場としての植物園・動物園・自然誌博物館を育てていきたいと思うのである。

本書を執筆するに際してフランス国立自然誌博物館、とくにその顕花植物研究所、陰花植物研究所、中央図書館の諸氏にお世話になった。また科学史家レジェ博士、民族植物学研究所のメテリエ氏にはつねに暖かいはげましを受けた。本書執筆の動機を与えられた『自然』編集部の金子務氏と本書の完成まで終始尽力してくださった「中公新書」編集部の野中正孝氏に、前記の方々とともに衷心より感謝する次第です。

昭和五十八年一月

著者しるす

西欧自然誌略年表

前三二二年　『動物誌』の著者、「生物学の父」アリストテレス、死す。
前二八七年?『植物誌』の著者、「植物学の父」テオプラストス、死す。
六〇年?ディオスコリデス、西欧本草の古典『薬物誌』を著わす。
七九年　『自然誌』の著者プリニウス、ヴェスヴィウス噴火に死す。
一七〇年?ガレノス、医学に関する著作に励む――中世まで名声を保つ。
五一二年　絵入りのディオスコリデス『薬物誌』、アニキア・ユリアナに贈られる。
一〇三七年　アラビア医学を代表するアヴィケンナ、ガレノスの註釈書『医学典範』を残して死す。
一四七二年　バルトロマエウス・アングリクス『事物の特性』の一部に植物を扱う。
一四七五年　コンラート・フォン・メゲンベルク『自然の書』に植物を扱う章がある。
一四七八年　ディオスコリデス『薬物誌』ラテン語版刊行。
一四八一年?アプレイウス・プラトニクス『本草』刊行。
一四九二年　クリストバール・コロン(コロンブス)の新大陸発見。
一五一九年　レオナルド・ダ・ヴィンチ、多くの解剖スケッチを残して死す。
一五二七年　パラケルスス、アヴィケンナ『医学典範』を火中に投じる――中世医学への反撥。
一五三〇年　自然の植物の観察図をともなうブルンフェルス『生植物図説』刊行。

一五四二年　多数の美しい植物図をともなうレオンハルト・フックス『植物誌』刊行。
一五四三年　ヴェサリウス『人体構造についての七つの書』刊行——解剖学を一新。
　コペルニクス『天球の回転』刊行。
　ポルトガル船、種子島に漂着——西欧と日本との接触。
一五四五年　医学校で有名なパドヴァに最初の植物園設立。
一五五一年　ロンドレ、モンペリエの大学教授となる。
　ウィリアム・ターナー『新本草』刊行——イギリス最初の刊行本草書。
一五五三年　ピエール・ブロン『水生動物図解』、および最初の植物モノグラフ『松柏植物』刊行。
　フランスのヒューマニスト文学者・医学者ラブレー、死す。
一五五四年　ドドエンス『本草』刊行——クルシウスによるフランス語訳本は一五五七年刊行。オランダ語訳本は一六〇八年に刊行されて、これが日本に伝来し、「オランダ本草」とよばれる。
一五五五年　ピエール・ブロン『鳥類誌』刊行——鳥と人間の骨格を比較し、比較解剖学の始まりといわれる。
一五五八年　ピエール・ブロン、パリに植物園設立を提案。
一五六一年　コルドスのディオスコリデス註釈本刊行。
一五六五年　スイスのナチュラリスト、コンラート・ゲスナー、死す。
一五七八年　李時珍『本草綱目』完成——一二年後から刊行されはじめ、日本では徳川時代を通じて本草のテキストとなる。

一五八〇年　ライプツィヒに植物園設立。
一五八三年　チェサルピノ『植物に関する一七巻』刊行——最初の科学的植物分類体系といわれる。
一五九二年　モンテーニュ、死す。
一五九四年　ライデンに植物園設立。
アンリ四世、パリに入城。
一五九六年　モンペリエ大学に植物園設立。
一六二〇年　ベーコン『科学の新機関』刊行。
一六二三年　ガスパール・ボーアン『植物要覧』刊行——西欧本草学の大成。
一六二六年　パリに王立植物園設立の法令。
一六二八年　ウィリアム・ハーヴェイ『心臓と血液の運動』刊行——その血液循環論はガレノス説を瓦壊せしめる。
一六三七年　デカルト『方法叙説』刊行。
一六四〇年　パリの王立植物園公開。
一六四一年　パリの王立植物園の初代園長ブロス、死す。
一六五八年　ジャン・ジョストン『自然誌』刊行——オランダ語訳本は一六六〇年に刊行されて、日本に伝わる。
一六六四年　デカルト『世界論』『人間論』が没後に刊行される。
一六六五年　ロバート・フック、自製の顕微鏡で諸物を観察して、『微小図彙』を刊行——細胞の発見。

一六七二年　レニエ・ド・グラーフ、卵巣中に卵胞を見て、卵子発見と思う。ロバート・モリソン『散形花植物新分類』刊行――一群の植物のくわしいモノグラフの始め。
一六七三年　ブロスの甥ファゴン、王立植物園長となり、同園に活気を与える。
一六七七年　レーウェンフーク、自製の顕微鏡で精子を発見する。
一六八二年　ネヘミア・グルー『植物解剖学事始』刊行――植物解剖学の創始。
一六八三年　ツルヌフォール、パリに来て、王立植物園で講座をもつ。
一六八四年　幕府は寛永十五（一六三八）年に開設の麻布御薬園を小石川御殿に移す。
一六八七年　ニュートン『自然哲学の数学的原理』（『プリンキピア』）刊行――万有引力の法則を説く。
一六八九年　マニョル『一般植物誌試論』刊行。
一六九〇年　ケンペル、日本を訪問――のちに『日本誌』で日本を紹介し、また日本の動植物を紹介する。
一六九四年　ツルヌフォール『基礎植物学』三巻刊行――ラテン語版は一七〇〇年に刊行。
一六九八年　ツルヌフォール『パリ付近植物誌ならびに薬効』刊行――一地方のすぐれた植物誌。
一七〇〇年　ツルヌフォール、近東の植物調査の旅。
一七〇九年　福岡藩の儒者貝原益軒『大和本草』刊行。
一七一〇年　アントワーヌ・ド・ジュシュー、ツルヌフォールのあとを継いでパリの王立植物園の植物学教授となる。
一七一一年　エチエンヌ＝フランソア・ジョフロア、「最も重要な花部の構造と役割についての報告」を記す。
一七一七年　ヴァイアン、パリの王立植物園に大規模な温室をつくる。
一七二二年　ヴァイアン、死す。
　ベルナール・ド・ジュシュー、兄よりパリの王立植物園に呼ばれる。
　イギリスのハンス・スローンの土地チェルシアに薬草園開設。
一七二三年　クリューによってコーヒーの苗木がパリの王立植物園から西インド諸島に渡る。
一七二八年　ヴァイアン『花の構造、その構成部分の相違と役割』刊行され、その紹介がリンネに衝撃を与える。
一七三〇年　リンネ、「植物の婚礼序章」を書いて、師セルシウスに献呈する。
一七三二年　リンネ、ラプランド地方の自然誌研究の旅。
一七三五年　リンネ、オランダを訪れて、著名な学者たちに会い、雌雄蕊分類法を記した『自然の体系』刊行。
一七三八年　リンネ、パリの王立植物園を訪れ、ベルナール・ド・ジュシューと親交する。
一七三九年　ビュフォン、パリの王立植物園長となる。
一七四五年　ニーダム師、パリの王立植物園でビュフォンと会談し、コレージュでアダンソンに顕微鏡を与えて激励する。
　ビュフォン『自然誌』第一―三巻同時刊行――以後、ドーバントンの協力を得て出版をつづける。
一七四九年　アダンソン、セネガルに出発する。

一七五〇年　ルソー『学問・芸術論』刊行。
一七五一年　リンネ『植物哲学』刊行――リンネの植物学理論。
ディドロ、ダランベールらの『百科全書』刊行開始。
一七五三年　ロンドンに大英博物館が開館され、スローンの貴重な植物標本・図書がその基礎となる。
リンネ『植物種誌』刊行――植物の学名はこの書から出発することを、のちに国際植物学会議が決める。
一七五八年　リンネ『自然の体系』第十版刊行――この版によって動物の学名を始めることを国際動物学会議が決める。
一七五九年　オーグスタ内親王、ロンドン郊外キューに植物園をつくる。
一七六二年　ルソー、逮捕を逃れてモチエに滞在し、ここで植物に親しみはじめる。
一七六三年　アダンソン『植物諸科』刊行。
マルチン・フートイン『リンネ自然誌』刊行――これが日本に輸入されて蘭学者はリンネの名を知る。
一七七一年　ルソー、いわゆる「植物書簡」をドルセール夫人に送りはじめる。
一七七五年　杉田玄白ら、クルムスの解剖書を訳し、『解体新書』刊行――これよりしだいに蘭学興隆。
リンネの高弟ツュンベリー、来日――のちに『日本植物誌』刊行。
一七七九年　ラマルク『フランス植物誌』刊行され、学界に名声を得る。
一七八一年。ビュフォンの努力で植物園が拡充し、ほぼ現在の規模に達する。

一七八九年　アントワーヌ・ロラン・ド・ジュシュー『植物属誌』刊行。
ラヴォアジエ『化学要論』刊行——近代化学の誕生。
一七九〇年　ゲーテ『植物変態論』刊行。
一七九二年　ルソーの若い友ベルナルダン・ド・サン・ピエール、最後のパリの王立植物園長（監督官）になる。
一七九三年　フランス革命により、パリの王立植物園はフランス国立自然誌博物館となり、初代館長にドーバントンを選出。
ジョフロア・サン＝チレール、「メナジュリ」（動物園）を植物園内につくらざるをえなくなる。
一七九五年　キュヴィエ、ジョフロア・サン＝チレールらの誘いでパリに来る。
ナポレオン、エジプトに遠征し、その学術隊にジョフロア・サン＝チレールが参加。
一八〇一年　ラマルク『無脊椎動物の体系』刊行。
一八〇二年　ラマルク『水理地質学』刊行——動物と植物をまとめた生物の研究に生物学のあるべきことをいう。
スプレンゲル『植物知識の手引き』三巻刊行（一〇四年）——本書をシーボルトは宇田川榕庵に与え、影響を及ぼす。
一八〇四年　ラマルク『無脊椎動物誌』刊行。
一八〇八年　ナポレオンの勅令により、パリ大学に、中世いらいの文学部・法学部・医学部・神学部に加えて理学部を設立。

一八〇九年　ラマルク『動物哲学』刊行――進化論を唱える。
一八一三年　ド・カンドル『基礎植物学原論』刊行。
一八一七年　ゲーテ、「形態学」の語をつくる。
一八二三年　シーボルト、日本を訪問、ツュンベリー『日本植物誌』をもたらす。
一八二九年　伊藤圭介、シーボルトより与えられたツュンベリー『日本植物誌』によって『泰西本草名疏』刊行。
一八三〇年　キュヴィエとジョフロア・サン＝チレールのアカデミー論争始まる。
一八三五年　宇田川榕庵『植学啓原』刊行。
一八三八年　シュライデン、細胞説発表。
一八三九年　シュワン、細胞説発表。
一八四一年　ロンドン郊外キューの植物園がキュー王立植物園となり、最初の園長にウィリアム・フーカー卿がなる。
一八五六年　飯沼慾斎、リンネの影響を示す『草木図説』二五巻のうち第一―五巻を刊行。
一八五九年　ダーウィン『種の起原』刊行――進化論の普及。
一八六二年　渡欧使節随行の福沢諭吉、パリの植物園を見学――のちに『西洋事情』でこれを紹介する。
一八六五年　メンデル、「雑種植物の研究」を学会で発表――遺伝の法則の発見。
一八六六年　ヘッケル『一般形態学』刊行――系統樹を発表。

turelle, 1823
Figuier: *Histoire des plantes*, 1865
木村陽二郎「人為分類と自然分類」『植物研究雑誌』35（2）p. 33-41, 35（3）p. 65-76, 1960；「生物学における比較研究方法」『比較文化研究』第一集 p. 27-53, 1961
Lemoine, Paul: Le Muséum National d'Histoire Naturelle, son histoire, son état actuel, *Archiv. du Mus. Nat. d'Hist. Natur.* 6sér. XII-1, 1935
Leroy, Jean-François: La botanique au Jardin des Plantes（1626-1970）in *Adansonia* 2 ser. ii, p. 225-250, 1971
Taton ed.: Enseignement et diffusion des sciences en France 18e siècle, *Histoire de la pensée* 11, 1964
Vírville. Ad. Davy de, ed.: *Histoire de la botanique en France*, 1954

Fauna Suecica; 1747, セイロン植物誌 *Flora Zeylanica*; 1748, ウプサラ植物園誌 *Hortus Upsaliensis*; 1749, 薬物誌 *Materia medica*; 1749, 学術論文集 *Amoenitates Academicae*; 1751, 植物哲学 *Philosophia botanica*; 1753, 植物種誌 *Species plantarum*（初版）; 1754, 植物属誌 *Genera plantarum*（第五版）; 1763, 病気属誌 *Genera morborum*; 1767, 植物補遺 *Mantissa plantarum*; 1771, 植物補遺第二巻 *Mantissa plantarum altera*; *1903, Th. M. Fries, *Linné* I, 364+48 pp., II, 444+46 pp.; *1914. Knut Hagberg, *Carl Linne*, trad. eng. 264 pp. 1952, trad. fr. 210 pp. 1914; *1953, Norah Gourlie, *The Prince of Botanists*, 291 pp.; *1971, Wilfred Blunt, *The Complete Naturalist. A Life of Linnaeus*, 256 pp.

ルソー：1805, J. J. ルソーの植物学 *La botanique de J. J. Rousseau*; *1969, B. Gagnebin et M. Raymond ed. *Oeuvres complètes de Jean-Jacques Rousseau* IV, Bibl. de la Pléiade; *1962, Club des Libraires de France, *Lettres sur la botanique par J.-J. Rousseau*; *1972, G. de Beer, *Jean-Jacques Rousseau and his world*

ルドゥテ：1802-16, ユリ図譜 *Les Liliacees*; 1817-24, バラ図譜 *Les Roses*

ロンドレ：1554-55, 海魚について *De Piscibus marinis*; *1866, J. E. Planchon, *Rondelet et ses disciples*, 22+45 pp.

○参考にした文献は数多いために、以上はごく少数を選んだ。広範囲にわたる文献は、一般の生物学史、植物学史、動物学史を除いて、本書に関係の深い次のものを挙げるにとどめる。

Arber, Agnes: *Herbals, their origin and evolution*, 1953, rev. ed. 1970

Barthélemy, Guy: *Les jardiniers du Roy*, 1979

Bernard, P. et L. Couailhac: *Le Jardin des plantes* 2 vols. 1892, 1893

Cap. P.-A.: *Le Muséum d'histoire naturelle*, 1854

Daudin, Henri: *De Linné à Jussieu*, 1926; *Cuvier et Lamarck*, 1926

Denise, L.: *Bibliographie du Jardin des Plantes*, 1903

Duval, Marguerite: *La planète des fleurs*, 1977

Deleuze, J.-P.-F.: *Histoire et description du Muséum royal d'histoire na-*

マニョル：1689，一般植物誌試論 *Prodromus historiae generalis plantarum*

マントン：1950，ヒバマタ属の精子の電子顕微鏡による観察 Electron Microscope Observation on The Spermatozoid of *Fucus, Nature*, 166, p. 973-974

モリソン：1672，散形花植物新分類 *Plantarum Umbelliferarum distributio nova*

ライエル：1830-33，地質学原理 *Principles of Geology*

ラヴォアジエ：1789，化学要論 *Traité elementaire de chimie*

ラマルク：1779，フランス植物誌 *Flore française*；1780，重要な物理学的現象の原因研究 *Recherches sur les causes des principaux faits physiques*；1783-1817，植物学百科全書 *Encyclopedie méthodique: Botanique* 別名，植物学辞典 *Dictionnaire de botanique*, 1791-1823，図説植物学百科全書 *Tableau encyclopedique et méthode de trois regnes de la nature: Botanique*；1801，無脊椎動物の体系 *Système des Animaux sans Vertèbres*；1802，水理地質学 *Hydrogéologie*；1802-06，パリ付近の化石 *Memoires sur les fossiles des environs de Paris*；1809，動物哲学 *Philosophie zoologique*, Repr. 1960: Engl. tr. 1963；1954，小泉丹・山田吉彦訳『動物哲学』（岩波文庫）；1815-1822，無脊椎動物誌 *Histoire naturelle des animaux sans Vertèbres*；*1901, Packard, *Lamarck the founder of evolution*；*1909, Marcel Landrieu, *Lamarck*, le fondateur du transformisme. Savie, son oeuvre；*1977，Richard W. Burkhardt Jr., *The spirit of system*

リンネ：1735，自然の体系 *Systema naturae*,〔2 ed. 1740, 3 ed. 1740, 4 ed. 1744, 5 ed. 1747, 6 ed. 1748, 7 ed. 1748, 8 ed. 1753, 9 ed. 1756, 10ed. 1758, 11ed. 1762, 12ed. 1766-68〕；1736，植物学基礎論 *Fundamenta botanica*；1736, 1736，植物学文献 *Bibliotheca botanica*；1737，植物属誌 *Genera plantarum*；1737，クリフォード植物園誌 *Hortus Cliffortianus*；1737，ラプランド紀行 *Lacheis Lapponica*；1737，ラプランド植物誌 *Flora Lapponica*；1737，植物学論 *Critica botanica*；1738，植物綱誌 *Classes plantarum*；1738，自然分類法断片 *Fragmenta methodis naturalis*；1745，スウェーデン植物誌 *Flora Suecica*；1746，スウェーデン動物誌

Un grand systématicien français émule d'Adandon, Ernest-Henri Baillon 1827-1895, Adansonia 2 (1) p. 3-15
バッハマン：1690, *Introductio generalis rem herbarium*
早田文蔵：1931, Über das "Dynamische System" der Pflanzen, *Sonderabd. Berich. Deutsch. Bot. Gesell.* 69 (6) p. 328-348; 1933「裸子植物」; *1960, 木村陽二郎「早田文蔵博士の分類学説」『植物研究雑誌』35 (1) p. 23-29; *1967, 木村陽二郎「早田文蔵先生」『遺伝』21 (9) p. 34-37
ビュフォン：1749-1768, 自然誌 *Histoire naturelle* Vol. 1-15; 1954, F. Genet-Vacin et J. Roger ed. *Bibliographie de Buffon*; *1952, Le Muséum National d'Histoire Naturelle ed. *Buffon*, 243pp.; *1971, R. Dujarric de la Rivière, *Buffon*, 117 pp.; *1962, J. Roger ed. *Histoire naturelle*, Les Epoques de la Nature, *Mém. du M. N. H. N. n.* ser. 10, 1962
フォアニイ：1772, 植物の薬効 *Traité des vertus des plantes*
フックス：1542, 植物誌 *De historia stirpium*
プリニウス：自然誌 *Historia naturalis*; 1942-63, *Natural history*, Loeb Classical Library 10 vols.
ブルンフェルス：1530, 生植物図説 *Herbarium vivae eicones*
ブロス：*1978, Rio Howard, *Guy* de La Brosse, botanique et chimie au debut de la révolution scientifique, *Rev. Hist. Sci.* 31 (4) p. 301-326
ブロン：1553, 松柏植物 *De arboribus coniferis*; 1555, 鳥類誌 *L'histoire de la nature des oyseaux*
ヘッケル：1866, 一般形態学 *Generelle Morphologie*; 1868, 自然創造史 *Natürliche Schöpfungs-Geschichte*; 1894-96, 体系的系統学 *Systematische Phylogenie, Entwurt eines Natürlichen Systems der Organismen auf Grund ihrer Stammgeschichte*; *1964, Johannes Hemleben, *Ernst Haeckel*
ヘールズ：1727, 植物力学 *Vegetable Statics*
ボーアン：1623, 植物要覧 *Pinax theatri botanici*
マチオリ：1554, ディオスコリデス註釈 *Commentarii in librom sex Pedacii Dioscoridis*

ジュシュー，アントワーヌ・ロラン・ド：1789，植物属誌 *Genera plantraum secundum ordines naturales disposita, juxta methodum in Horto Regio Parisiensi exaratam anno 1774*; *1936, Alfred Lacroix, *Notice historique sur les Cinq de Jussieu*

スプレンゲル：1792–99，医学史試論 *Versuch einer Pragmatischen Geschichte der Arzneikunde*; 1802–04，植物知識の手引き *Anleitung zur Kenntniss der Gewächse*; 1817，植物学史 *Geschichte der Botanik*

ダーウィン，エラズマス：1794，96，ズーノミア *Zoonomia* 2 vols.

ダーウィン，チャールズ・ロバート：1859，種の起原 *Origin of Species*; 1971，八杉竜一訳『種の起原』（岩波文庫）

チュルパン：1837，植物器官学 *Organographie végétale, Mém. du Mus.*

ツルヌフォール：1694，基礎植物学 *Élement de botanique ou méthode pour connaître les plantes*; 1698，パリ付近植物誌ならびに薬効 *Histoire des plantes qui naissent aux environs de Paris, avec leur usage*; 1700，基礎植物学（ラテン語版）*Institutiones rei herbariae*; 1717，旅行記 *Rélation d'un voyage du Levant*; *1957, Le Muséum National d'Histoire Naturelle ed. *Tournefort*, 321 pp.

ディオスコリデス：薬物誌 *De materia medica*; 1933, Robert T. Gunther, *The Greek herbal of Dioscorides*, facs. 1968; *1983，大槻真一郎・大塚恭男編『ディオスコリデスの薬物誌』（1「薬物誌」，2「ディオスコリデス研究」）

テオプラストス：植物誌 *Historia plantarum*; 1916, *Enquiry into Plants*, Loeb Classical Library 2 vols.; 植物原因論 *De causes plantarum*

ド・カンドル，アルフォンズ：1883，栽培植物の起原 *Origine des plantes cutlivées*; *1973, S. R. Mikulinskij, L. A. Markova, B. A. Starostin, *Alphonse de Candolle*

ド・カンドル，オーギュスタン・ピラム：1799–1802，多肉植物誌 *Plantarum historia succulentarum*; 1813，基礎植物学原論 *Théorie élémentaire de la Botanique*; 1827，植物器官学 *Organographie végétale*; 1832，植物生理学 *Physiologie végétale*

ドドエンス：1554，本草 *Crŭÿdeboeck*

バイヨン：1876–92，*Dictionnaire de botanique* I–IV; *1962, J. Léandri,

p. 97–104; 1955, 小倉謙編『生物学』p. 471–525; Système et phylogénie des Monocotylédonés, *Natulae System* 15 (2) p. 137–159; 1963, On The Classification System and Phylogeny of Plants. *Sci. Rep. Tohoku Univ.* 4ser. 290, no. 3–4; 1979, Système et phylogénie du regne végétal, *Revue Algologique* n. s. 14–46, p. 285–296; 1980, 村上陽一郎編『生命思想の系譜』p. 31–64; 1981「植物の体系と系統」『科学』51 (3) p. 166–171

キュヴィエ, ジョルジュ：1798, 動物自然誌要綱 *Tableau élémentaire de l'histoire naturelle des animaux*; 1812, 四足獣の化石骨の研究 *Recherches sur les ossemens fossiles des quadrupèdes*; 1825, 地球変革論 *Discours sur les révolution de la surface du globe; *1964, W. Coleman, Georges Cuvier, Zoologist*

グルー：1682, 植物解剖学事始 *The Anatomy of Vegetables Begun*

ゲーテ：1790, 植物変態論 *Versuch die Metamorphose der Pflanzen zu erklären*; 1820, 上顎の顎間骨は他の動物と同様人間にも見られること *Dem Menschen wie den Tieren ist ein Zwischenknochen der obern Kinnlade zu zuschreiben*; 1980,『ゲーテ全集』第 14 巻「自然科学論」潮出版社；*1980, 木村陽二郎「ゲーテの原葉, 原植物」『モルフォロギア, ゲーテと自然科学』no. 2, p. 20–26; 1982, 高橋義人編訳・前田富士男訳『ゲーテ自然と象徴』冨山房百科文庫 33

コンラート・フォン・メゲンベルク：1475, 自然の書 *Das Půch der Natur*

サン＝チレール, エチエンヌ・ジョフロア：1818–22, 解剖哲学 *Philosophie anatomique*; 1830, 動物哲学の原理 *Principes de philosophie zoologique, discutés en mars 1830, au sein de l'Académie royale des sciences*; *1962, T. Cahn, *La vie et l'œuvre d'Étienne Geoffroy Saint-Hilaire*; *1962, 木村陽二郎「ジョフロア・センチレールとキュヴィエとのアカデミー論争」『科学史研究』no. 63, p. 97–104; *1973, G. Legée, Les lois de l'organisation d'Aristote à Geoffroy Saint-Hilaire, *Histoire et Nature* no. 3, p. 3–26

サン・ピエール：1784, 自然研究 *Étude de la Nature*; 1788, ポールとヴィルジニィ *Paul et Virginie*

主な原著書名・伝記関係文献

年号の前の＊印のものは伝記関係文献

アイヒラー：1875-78，花式図 *Blüthendiagramme*; 1886，植物学講義提要 *Syllabus der Vorlesungen über Spezielle und Medizinischpharmazeutische Botanik* 4ed.

アヴィケンナ：医学典範 *Canon medicinae*

アダンソン：1763-64，植物諸科 *Familles des plantes*; 1757，セネガル自然誌 *Histoire naturelle du Sénégal*; *1934, Aug. Chevalier, *Michel Adanson*; *1957，木村陽二郎「Michel Adanson 1727-1806」『科学史研究』no. 41, p. 13-19; *1963-1964, The Hunt Botanical Library, *Adanson*; *1963, Bureau pour les Cérémonies françaises. *Michel Adanson 1727-1806*

アプレイウス：？1481，本草 *Herbarium Apulei Platonici*

アリストテレス：動物誌 *Historia animalium*；動物部分論 *De partibus animalium*

アングリクス：1472，事物の特性 *Liber de proprietatibus rerum*

ヴァイアン：1727，パリの植物 *Botanicon parisiense*; 1728，花の構造，その構成部分の相違と役割 *Sermo de structura florum, horum differentia, usuque partium eos constituentium*

ヴィック・ダジール：1786，解剖学と生理学について *Traité d'anatomie et physiologie*

ヴェサリウス：1543，人体構造についての七つの書 *De Humani corporis fabrica libri septem fasc.*; *1976，小川鼎三「ヴェサリウスの生涯とその解剖学」『人体構造論解説』

エングラー：1903，植物分科提要 *Syllabus der Pflanzenfamilien* 3ed. 1887-1907，植物分科大全 *Pflanzenfamilien*

カメラリウス：1694，植物の性についての文書 *De sexu plantarum epistra*, 1899, 独訳，Möbius, Ostwald's Klassiker d. Exakt. Wiss. 150

木村陽二郎：1953，「植物の体系と系統樹」『植物研究雑誌』28（4）

文庫版解説

塚谷　裕一

日本は世界にも稀な図鑑大国である。そのため書店に行けば、あるいはネット検索をしてみれば、ありとあらゆる生き物について、初心者向けから上級者向けまでいろいろな図鑑が手に入る。そうした図鑑に共通した特徴は、分類という事項である。植物の図鑑を見れば、桜が苺やビワと共にバラ科の一員であるといったような、分類のことわりを知ることができる。この分類のことわりこそは、生物学の基本中の基本ともいえる知識であり、自然界における生き物のあり方を知ろうとする学問・自然史（誌）にとって最も大事な基礎となる知識である。本書タイトルにあるナチュラリストとは、自然史（ナチュラルヒストリー）を追う人、という意味の言葉だ。

しかしこうした分類の体系は、生物学の基礎とも言いながら、そう簡単に見いだされたわけではなかった。著者の故木村陽二郎博士は本書でその歴史をたどってみせた。選ばれた舞台の中心はパリの植物園。ルネサンスから十九世紀前半にかけて、そこに立ち現れては去っていった人々を対象として、ナチュラリストの系譜を追っている。自然史を今日まで発展させていった立役者たちの群像である。木村博士はもともと、東京帝国大学理学部植物学科で植物分類学の大家・中井猛之進教授に師事し、オトギリソウ科の分類学からそのキャリアを始められた。その後、戦後に東京大学教養学部へ異動され、そこで科学史を深められたという異色の経歴の持ち主だけに、歴史を追う語りは淀みがない。ご自身の、欧州各地への豊富な訪問経験から、かつてのナチュラリストたちの生家の様子なども挿話として語る。

それにしても本書で登場するナチュラリストの、なんと多様なことか。著者が植物分類学をベースとされていることから、植物学者が比較的多いのだが、意外な顔ぶれも多い。リンネが学名の提唱者であることは、割と広く知られていることであろうが、日本では文学者として有名なゲーテが、実は科学全般にも多くの功績を残したことは、植物学を専攻しない限り、あまり知る機会がないかもしれない。また進化論の先駆者でありながら誤解されることの多いラマルクが、実は植物分類学者であったことはあまり知られていないのではなかろうか。さらに意外なのはジャン・ジャック・ルソーだろう。思想家として著名なルソーだが、「わたしは絶えず植物学のことを考えていたし、これがこの上もない道楽にもなっていた」(以下、「 」は本書からの引用)ほどであったという。事実、ルソーが植物分類学の基礎を解説した手紙はのちに「ルソーの植物学」として一般向け解説書となり、多くの初学者を育てた。ラマルクが植物学で名を馳せたきっかけも、そもそもルソーの植物採集会に参加していたことにはじまるという。そこからラマルクは『フランス植物誌』を著し、そこで初めて、今日の図鑑の多くが用いている検索表という方法を、編み出したのだ。日本に近代植物学が導入される以前の話だけに、これらの逸話は日本の多くの読者にとって意外なものだろう。

それにしても本書を読むと、時代は遠くなったものだと感じる。雄しべにできる花粉については、いまや子どもでも花が実をつけ、種を作るのに大事なものだということを知っている。しかし本書によればフランス植物学の父と呼ばれるツルヌフォールは、十七世紀末の時点でまだ「根から吸われた液汁は、花弁によって余分なもの・有害なものが除かれ、精妙となって、果実を大にし、種子をみのらせるのである。そのため、排除された粗雑な液汁成分は、雄しべの葯《やく》からほこりとなって外に吐き出され、飛び散る」としていたらしい。植物の雌雄を初めて確かめたのは、同時代のルドルフ・ヤーコプ・カメラリウスだった。日本では将軍綱吉が生類憐れみの令を出していた頃の話である。

また分類学もリンネが学名を提唱してすぐに、その体系が確立したわけではない。本書でたどられているように、いろいろなアイデアが提唱された。人為的な分類ではない、自然を反映した分類のシステムを見いだそうという努力は、絶え間なくなされていったのである。このとき問題となったのは、似たような特徴を持つ者同士をまとめていくにあたり、どの特徴を優先的に使ってまとめるべきか、ということであった。たとえば花色が同じもの同士を真っ先にまとめてしまうと、全く類縁のないものまで一緒になってしまう。白いキクと白いバラをひとまとめにする一方で、黄色いキクと黄色いバラを別のまとまりとしてしまうのは、どうみても生物学的に意味がない。キク同士、バラ同士をまとめるほうが自然である。では何を優先してまとめたら良いのだろうか。

リンネは雄しべの数を重視し、アントワーヌ・ロラン・ド・ジュシューは子葉の数を最重要と考えた。もちろん、ひとつだけの特徴で全てを分けられるわけではないので、特定の特徴でまず大きく分けたあとは、それぞれのまとまりの中身を、さらに別の特徴で分けていくといった、階層性のある分類をしていくことになる。この際、どれを最重要と考え、どれを次に重要と考えるかの順番によって、分類のまとまりは大きく違った結果となる。アダンソンは一七六三年に、そうした優先順位を一通り試してみた結果として、「自然分類」の体系を提唱した。これは小林一茶が生まれた年、明治維新まであと百年ほどという頃の話である。

ただしこれも細部に至れば至るほどいろいろな解釈が可能となり、決着がつきにくい。この試みはしたがって十九世紀に至っても試行錯誤が繰り広げられた。ラマルクやダーウィンらによって進化という概念が打ち立てられ、分類の背景に進化の系譜、つまり系統があるはずだという考えが確立するに至って、自然な分類とは、かつての進化の道筋を反映させた分類、すなわち系統分類であるという考えが生まれる。その「正しい」系統の道筋を見抜くにはどうしたらよいか。十九世紀中期には、ド・カンドルがアントワーヌ・ローラン・ド・ジュシューの体系に似た分類を提唱し、それがその後長く用いられた体系となった。ただこの時点ですらまだ、裸子植物のマツ科が被子植物のヒユ科と並べられるなど、今から見ると妙なこととなっている。膨大な種数の植物について、誰もが納得の行く系統分類の体系を組み立てるのは、容易なことではなかったことが窺える。

本書はこうした自然史をめぐる営みを追い続け、十九世紀前半のところで話を一旦閉じているが、たゆみない試行錯誤はその後も続いた。本書のエピローグでは、著者自らもその試みに加わり、本書の舞台パリの国立自然史博物館において研究を進めたことが、語られている。通してみれば本書は、フランス自然史をはぐくんだ、その文化に対する献辞とも読めるものだ。

著者は翻って、日本人は本当に自然を愛し、草木鳥獣を愛しているか、と「はじめに」の冒頭で問うている。「日本人は、花そのものを愛しているのだろうか。花に託して自己の感情にひたっているのではなかろうか」。これは実は、日本のナチュラリストの多くが抱いている疑念である。私もその一人だ。日本は植物の種類が非常に多く、また湿潤温暖のため、気を許すとあたり一面緑になってしまう。また日本人は農耕民族だったので、作物でなく、管理下にもない植物はできるだけ抜き取るという精神文化が育った。寺社の境内が砂利で敷き詰められ、見るからにこざっぱりとしているのは、その精神の現れだろう。

自然と敵対せず、一体となるのが東洋文化だと俗に言うが、むしろ逆であるというのが、ナチュラリストの多くの共通した認識だと思う。

では逆に自然と対峙し、管理し、飼い馴らす文化だとされる西欧はどうか。著者はこう述べる。「西欧でも、もちろん、日本と共通して感情移入の面があり、また「花ことば」「花占い」のような日本にないものもある。しかし西欧では、古くから、花を愛するということは、花の観察であり、花自体を知るよろこびであった」。その文化の上に、本書がとりあげた自然史という学問が成り立つのである。その発展に寄与したゲーテやルソーが、日本では詩人、あるいは思想家としてばかり評価されるのも、あるいは文化の彼我の違いを反映するものかもしれない。ちなみに著者の木村博士は、一般に今日「自然史」と記されるナチュラルヒストリーについては、「自然誌」と表記することを主張されていた、と聞いている。

さてその後、系統分類学がどういう発展を遂げたか、本書の後日談として解説をしておこう。本書エピローグ部で著者が「現代の分類体系」で述べているように、本書刊行の頃の二十世紀末には数量分類学というものが登場した。これは前記アダンソンの試みの拡張版のようなもので、できる限り多くの特徴を調べ上げ、その類似度を数値に置き換え計算することで、系統関係を推定する、といったような試みだ。しかしそのすぐ直後から、分類学はDNAを用いた分子系統学的解析が主流となり、全てを飲み込んでいった。

進化の道筋・系統をたどるとすれば、進化の過程で代々受け継がれてきた遺伝情報、つまりDNAの塩基配列を比べること、そのこと以上に、確かな系統の推定手段はない。DNAの塩基配列を読み取る技術が革新的に進歩した結果、ありとあらゆる分類体系の見直しが可能となり、そして実際に多くの修正がなされてきた。かくして花の咲く植物・被子植物の分類体系は、現在、DNA配列に基づくAPG体系に完全に塗り替えられている。その過程で得られた発見の一つ、本書で繰り返し登場する双子葉植物という概念が実は自然分類ではなかった、という知見は、この間の変化の典型例だろう。離弁花類、合弁花類といった分類体系も、多くの誤りを含んでいた。従来議論の絶えなかった大きな科・ユリ科にも、分子系統学的解析の結果、他人の空似で紛れ込んでいたものがたくさんあったことが判明している。昔の図鑑で使われていた分類体系の中でも、特に科のレベルの分類は、かくして大規模な再編成を迫られたのである。今はそうした激動の時代を越え、分子系統に基づく理解がコンセンサスを得、落ち着いてきたころだ。世に出回っている一般向け図鑑もだいぶ書き換えが進んできた。

ではかつてのナチュラリストたちの試みは無駄だったのだろうか？　いや、そんなことはない。DNA配列に基づく系統が明らかになってから、改めてそれまでに調べ上げられていた特徴を見比べることで、かつてアダンソンが指摘したように、どの特徴を優先的に考えるべきかを取り違えていたケースの多々あることが、見いだされている。そうしたことがすみやかに判明するのも、長い歴史の中で積み上げられてきた多数の、大変な厚みのある基礎的知見があるからだ。

本書の舞台となったフランスの国立自然史博物館を訪れれば、今日もなお、その礎を支えた分類園で、数多くの植物が色とりどりの花を咲かせているのを見ることができる。壮麗な並木には、一瞥《いちべつ》するだけでも、この国で培われてきた自然史の歴史をありありと感じる。その歴史の内容を克明に知ることができる点、本書はパリ訪問に携えるのにふさわしい本の一つである。

（つかや・ひろかず　植物学）

ラセペード　Étienne de Lacépède　88, 193-195, 206-207
ラトレイユ　Pierre-André Latreille　178, 219
ラブレー　François Rablais　23, 37
ラマルク　Jean-Baptiste-Pierre-Antoine de Monet de Lamarck　175-188, 190-197, 199-200, 207, 213, 216, 227, 241-243, 245, 251
リヴィヌス→バッハマン
リオラン　Jean Riolan　41
リンネ　Carl von Linne; Linnaes　11, 49-50, 93-101, 103, 109, 111-125, 132-139, 146-147, 149-153, 157, 159, 170-172, 176, 185-186, 190, 194, 196-197, 211, 236-237, 242, 246, 248
ルエル　Guillaume-Françoio Rouelle　71
ルソー　Jean-Jacques Rousseau　10-11, 78-79, 81, 125-143, 146-149, 185, 193, 227, 229
ルドゥテ　Pierre-Joseph Redouté　148, 229-231
ルドベック一世　98
ルドベック，オロク　Olof Rudbeck　98-99, 111-112, 122
ル・ノートル　André le Notre　44
ルモニエ　Pierre-Charles Lemonnier　165, 185
レイ　John Ray　99, 105, 171, 190, 236
レーウェンフーク　Antony van Leeuvwenhoek　85, 105
レオナルド・ダ・ヴィンチ　Leonardo da Vinci　18, 30-31
レオミュル　René-Antoine Ferchault de Réaumur　126, 165-166
レクリューズ　Charles de l'Ecluse（Clusius）　26
ローベリ　Lars Roberg　98
ローベル　Mathias de l'Obel　26
ロバン，ヴェスパジアン　Vespasien Robin　36, 41
ロバン，ジャン　Jean Robin　36
ロベール　Nicolas Robert　229
ロンドレ　Guillaume Rondelet　22-27

ワ

ワイディッツ　Hans Weiditz　18

ポアレ　Jean Louis Marie de Poiret　187, 190
ボーアン，ガスパール　Gaspard Bauhin　26, 58, 119, 121, 171, 236
ボーアン，ジャン　Jean Bauhin　26
ボック　Hieronymus Bock（Jerome Bock）（Tragus）　18
ボネ　Charles Bonnet　135–136, 218, 220
ホーヘンハイム→パラケルスス
ポルタル　Antoine Portal　193
ホルテル　Johann de Gorter　115

マ

マチオリ　Prerandrea Mattioli　17
マニョル　Pierre Magnol　37, 49–50, 154, 236
マルゼルブ　Chretien-Guillaume de Lamoignon de Malesherbes　140, 168
マルピーギ　Marcello Malpighi　104, 111
マントン　Irene Manton　249
ミシェル・ブーヴァール→フルケー
ミリントン　Sir Thomas Millington　104
メルトリュ，アントワーヌ　Antoine Mertrud　217
メルトリュ，アントワーヌ＝ルイ・フランソア　Antoine-Louis-François Mertrud　193–194, 213, 217
メルトリュ，ジャン＝クロード　Jean-Claude Mertrud　217
モーペルテュイ　Pierre-Louis Moreau de Maupertuis　74, 106
モリソン　Robert Morison　109, 190, 236
モルヴォー　Guiton de Morveau　88
モンテーニュ　Michel de Montaigne　23

ラ

ライエル　Chales Lyell　196
ラヴォアジエ　Antoine-Laurent Lavoisier　71, 190, 205
ラカナル　Joseph Lakanal　193, 207
ラグランジュ　Joseph Louis Lagrange　205

フォントネル　Bernard Le Bovier de Fontenelle　65, 126
フォン・ベア　Karl Ernst von Baer　105
ブクソン　Abbé Bexon　88
フックス　Leonhart Fuchs（Fuchsius）　18, 27, 30
ブラウン　Alexander Braun　245
プリニウス　Gaius Plinius Secundus　13–15, 24, 103, 110, 126
ブルーメンバッハ　Johann Friedrich Blumenbach　224
フルクロア　Antoine-François de Fourcroy　193, 205, 207
フルケー　Michel Bouvard de Fourqueux　44
ブールハーフェ　Hermann Boerhaave　115, 117
ブールマン　Johan Burman　115
プルミエ　Charles Plumier　49–50
ブルンフェルス　Otto Brunfels　18
ブレマン　Jean Bremant　45
ブロス　Guy de La Brosse　33–46, 51, 251
ブロンニャール, アドルフ　Adolf Brongniart　245
ブロンニャール, アントワーヌ・ルイ　Antoine-Louis Brongniart　193
ブロン　Pierre Belon　26–30
ヘッケル　Heinrich Philipp August Ernst Haeckel　243–244
ベクレル・アントワーヌ・セザール　Antoine-Cesar Becqerel　210
ベクレル, アレクサンドル・エドモン　Alexandre Edmond Becquerel　210
ベクレル, アンリ　Henri Becquerel　210
ベルヴァル　Pierre Richer de Belleval　20–22, 25, 36–37, 49
ペールゥ　Pierre-Alexandre Du Peyroux　130, 133–134
ヘールズ　Stephen Hales　72
ベルトレ　Claude Louis Bertollet　205
ベルナール　Claude Bernard　197, 218
ヘルマン　Paul Hermann　53, 122, 190, 236
ベレ　Rene du Belley　26–27
ペロー　Claude Perrault　214
ポアリエ　Louis Poirier　46, 68

68, 73-74, 76, 117, 155
デューラー　Albrecht Dürer　18
トゥアン　André Touin　185, 193
ドーバントン　Louis-Jean-Marie Daubenton
76, 87, 192-194, 204, 206-208, 212-214
ド・カンドル，アルフォンズ　Alphones de Candolle　234-235, 240
ド・カンドル，オーギュスタン＝ピラム　Augustin-Pyrame de Candolle　170-171, 186, 190, 225, 227-231, 233-237, 245-246, 248
ド・カンドル，カシミール　Casimir de Candolle　235
ドドエンス（ドドネウス）　Rembert Dodoens（Dodonaeus）　18-19, 26

ナ

ニーダム　John Turberville Needham　106, 165
ニュートン　Isaac Newton　69, 72

ハ

バイヨン　Ernest-Henri Baillon　173
バスポルト　Madeleine Françoise Basseporte　229
バッハマン　August Quirinus Bachmann（Rivinus）　60, 190, 236
早田文蔵　248
ハラー　Arbrecht von Haller　122, 135-136, 190
パラケルスス　Philippus Aureolus Theophrastus Bombastus von Hohenheim（Paracelsus）　37-39
ピクト　Jean François Pictes　234
ビアルドリ　Flauhault de la Billarderi　192
ビュフォン　Georges Louis-Marie-Leclerc, comte de Buffon
67-76, 78-79, 81, 85, 87-91, 93, 106, 118, 125-128, 130-131, 143, 146, 151, 155, 159, 165, 167-168, 186, 191-192, 208, 211, 214, 251
ブーヴァール　Charles Bouvard　41, 43-44
ファゴン　Guy-Crescent Fagon　43, 45-46, 51, 53, 63, 68, 74-77, 102, 107
ファン・ヘルモント　Johann Baptiste van Helmont　38-40
フォアニイ　Grendoge de Foigny　156

スプレンゲル Kurt Polycarp Joachim Sprengel 18, 225, 230
スペンドンク Gérard van Spaendonck 193–194, 229–230
セヌビエ Jean Sénebier 228
セルシウス，アンデルス Anders Celsius 100
セルシウス，オロフ Olof Celsius 100–101, 109, 111–112
ゼンメリンク Samuel Thomas Sömmering 224
ソーシュール Nicolas Théodor de Saussure 228

タ

ダ・ヴィンチ，レオナルド→レオナルド
ダーウィン，エラズマス Erasmus Darwin 241
ダーウィン，チャールズ・ロバート Charles Robert Darwin 196, 198, 241–243
ダカン，アントワーヌ Antoine d'Aquin 45–46
ダカン，ピエール Pierre d'Aquin 45
ダレシャン Jacques d'Alechamps 26
チェサルピノ Andrea Cesalpino 20, 59, 170, 190, 237, 246
チュルパン De Pierre-Jean-François Turpin 231–232
ツュンベリー Carl Peter Thunberg 185
ツルヌフォール Joseph Pitton de Tournefort 15, 43, 46–58, 61, 63–65, 74–75, 100, 102–103, 107–108, 112, 117–119, 146–147, 150–152, 154–155, 157, 159, 163, 170, 190, 236–237, 246, 251
ディヴェルノア Jean-Antoine d'Ivernois 132–133
ディオスコリデス Pedanios Dioscorides 14–17, 24, 27–28, 63
ディドロ Denis Diderot 78–79, 81, 126–128
テオプラストス Theophrastos 13–14, 17, 25, 28, 59
デカルト René Descartes 39, 48, 176
デフォンテーヌ René-Louiche Desfontaine 185, 193
デュアメル・デュ・モンソー Henri-Louis Duhamel du Monceau 73–74, 168
デュヴェルネ Jaques-François-Marie Duverney 216
デュフェ Charles François Cisternay du Fay（Dufay）

サ

サポルタ　Louis Charles Joseph Gaston de Saporta　163
サルヴァドル　Jacques Salvador　50
サン＝チレール，イシドール・ジョフロア　Isidore Goeffroy Sant-Hilaire　216
サン＝チレール，エチエンヌ・ジョフロア　Étienne Goeffroy Sant-Hilaire　180, 194, 199, 201–210, 212–216, 218–221, 223–225, 233
サン・ピエール　Bernardin de Saint Pierre　140–141, 193, 206, 208
サン＝フォン，フォジャ・ド　Faujas de Saint-Fond　88, 192–193
ジュシュー，アドリアン・アンリ・ロラン　Adrien Henri Laurent Jussieu　162
ジュシュー，アントワーヌ・ド　Antoine de Jussieu　46, 74–75, 80, 117–118, 151–152, 154–156, 158
ジュシュー，アントワーヌ・ロラン・ド　Antoine Laurent de Jussieu　153–154, 158–164, 171, 187, 193, 212, 217, 236–238, 248
ジュシュー，クリストフ・ド　Christophe de Jussieu　154
ジュシュー，ジョセフ・ド　Joseph de Jussieu　158
ジュシュー，ベルナール・ド　Bernard de Jussieu　73, 76, 93, 117, 140, 146, 149, 151–153, 156–158, 160, 163–164, 166, 168, 170, 185, 190, 204, 236
ジュシュー，ロラン・ド　Laurent de Jussieu　154
ジュベール　Jean Joubert　45, 229
ジョフロア，エチエンヌ＝フランソア　Etienne-Francois Geoffroy　107, 203
ジョフロア，クロード＝ジョセフ　Claude-Joseph Geoffroy　203
ジョフロア・サン＝チレール→サン＝チレール
ショメル　Pierre-Jean-Baptist Chomel　185
ショル　Frederic-Salomon Scholl　132
シラク　Pierre Chirac　68, 155
ストベウス　Killian Stobaeus　97–98, 101
スパランツァーニ　Lazzaro Spallanzani　106, 165

カ

ガーニュバン　Abraham Gagnebin　132

カメラリウス　Rudolph Jakob Camerarius　104, 111

ガリデル　Pierre Garidel　49

カルカール　Johannes Stephan Kalkar　30-31

カルス　Karl Gustav Carus　224

ガレノス　Galenos　14, 17, 24, 37-38

キュヴィエ，ジョルジュ　Georges Cuvier　89, 152, 173, 179-180, 182, 194, 196, 199, 201-204, 209-215, 217-218, 220-224, 229

キュヴィエ，アントワーヌ＝セザール・フレデリック　Antoine-Cesar Frederic Cuvier　209

キールマイヤー　Karl Friedrich Kielmeyer　211

クナウト　Christoph Knauth　236

グラーフ　Regnier de Graaf　105

クラテウアス　Crateuas　15-17

クリュー　Gabriel de Clieus　79-81

グルー　Nehemiah Grew　104-105, 111, 161

クルシウス→レクリュース

グロノヴィウス　Jan Gronovius　115

ゲーテ　Johann Wolfgang von Goethe　201-203, 219, 221, 223-225, 231, 243

ゲスナー　Konrad Gesner　27, 61

ゲノー　Gueneau de Monthéliard　87-88

ケンペル　Engelbert Kaempfer　65, 99, 172

コルテリ　Procopio dei Coltelli　77

コルドス　Valerius Cordus　18, 26-27

コロンナ　Fabio Colonna（Fabius Columna）　61

コンラート・フォン・メゲンベルク　Konrad von Megenberg　18

人名索引

太字の人名については「主な原著書名・伝記関係文献」にも記述がある。

ア

アイヒラー August Wilhelm Eichler 245
アヴィケンナ Ibn Sina Avicenna 38
アダンソン Michel Adanson 47, 149, 153-154, 163-173, 190, 236, 246, 248
アプレイウス・プラトニクス Apuleius Platonicus 18
アユイ Rene-Just Haüy 194, 204-206
アリストテレス Aristoteles 13-14, 25, 38-39, 48, 56, 59, 105, 118, 170, 214, 233, 237, 246
アルテディ Pehr Artedi 99-100, 109
アングリクス Bartholomaeus Anglicus 18
ヴァイアン Sébastien Vaillant 75, 77, 93, 101-103, 107-108, 111, 117, 156
ヴァロ Antoine Vallot 43
ヴィック・ダジール Felix Vicq d'Azyr 214-215, 222-223
ヴェサリウス Andrea Vesalius 30-31
ヴォシエ Jean-Pierre Étienne Vaucher 228
ヴォチエ François Vautier 43
ヴォルテール François M. A. Voltaire 72, 78, 126, 130-131, 135, 143, 156
ウォレス Alfred Russel Wallace 242
宇田川榕庵 40, 230
エルアール Jean Herouard de Vaugrigneuse 34, 43
エングラー Adolf Engler 245-246
オーケン Lorenz Oken 224
オーブリエ Claude Aubriet 53, 63, 65, 229

本書は一九八三年二月二五日、中公新書として刊行された

ちくま学芸文庫

ナチュラリストの系譜《けいふ》　近代生物学《きんだいせいぶつがく》の成立史《せいりつし》

二〇二一年二月十日　第一刷発行

著者　木村陽二郎（きむら・ようじろう）
発行者　喜入冬子
発行所　株式会社　筑摩書房
東京都台東区蔵前二―五―三　〒一一一―八七五五
電話番号　〇三―五六八七―二六〇一（代表）
装幀者　安野光雅
印刷所　株式会社精興社
製本所　株式会社積信堂

ISBN978-4-480-51035-8 C0140